全国中等职业技术学校机械类通用教材

钳工工艺与技能训练（第二版）习题册

中国劳动社会保障出版社

简介

本习题册是全国中等职业技术学校机械类通用教材《钳工工艺与技能训练（第二版）》的配套用书。本习题册紧扣教学要求，按照教材章节顺序编排，知识点分布均衡，题型丰富多样，难易配置适当，有助于学生复习巩固所学知识。

本习题册由尚根宣主编，房胜、刘磊参加编写。

图书在版编目(CIP)数据

钳工工艺与技能训练（第二版）习题册/尚根宣主编. —北京：中国劳动社会保障出版社，2015

全国中等职业技术学校机械类通用教材

ISBN 978-7-5167-1831-5

Ⅰ.①钳… Ⅱ.①尚… Ⅲ.①钳工-工艺学-中等专业学校-习题集 Ⅳ.①TG9-44

中国版本图书馆 CIP 数据核字(2015)第 091957 号

中国劳动社会保障出版社出版发行

（北京市惠新东街 1 号 邮政编码：100029）

出 版 人：张梦欣

*

郑州市运通印刷有限公司印刷装订 新华书店经销

787 毫米×1092 毫米 16 开本 7 印张 165 千字

2015 年 5 月第 1 版 2022 年 12 月第 14 次印刷

定价：12.00 元

营销中心电话：400-606-6496

出版社网址：http://www.class.com.cn

http://jg.class.com.cn

目　录

绪　论 …………………………………………………………（1）

第一单元　钳工基础 ……………………………………………（2）
课题一　钳工一般知识 …………………………………………（2）
课题二　钳工常用测量器具 ……………………………………（4）

第二单元　钳工基本技能 ………………………………………（11）
课题一　划线 ……………………………………………………（11）
课题二　錾削 ……………………………………………………（15）
课题三　锯削 ……………………………………………………（17）
课题四　锉削 ……………………………………………………（19）
课题五　刮削 ……………………………………………………（22）
课题六　研磨 ……………………………………………………（24）
课题七　综合技能训练（一） …………………………………（26）
课题八　钻床与孔加工 …………………………………………（29）
课题九　螺纹加工 ………………………………………………（38）
课题十　矫正与弯形 ……………………………………………（41）
课题十一　连接 …………………………………………………（44）
课题十二　综合技能训练（二） ………………………………（47）

第三单元　机床夹具知识 ………………………………………（50）
课题一　机床夹具 ………………………………………………（50）
课题二　钻床夹具 ………………………………………………（55）
课题三　组合夹具 ………………………………………………（56）

第四单元　装配工艺与技能训练 ………………………………（57）
课题一　装配工艺概述 …………………………………………（57）
课题二　装配前的准备工作 ……………………………………（59）
课题三　装配尺寸链与装配方法 ………………………………（61）
课题四　固定连接的装配 ………………………………………（67）

课题五　传动机构的装配 …………………………………………………………（73）
课题六　轴承和轴组的装配 ………………………………………………………（81）
课题七　综合技能训练（三） ……………………………………………………（87）

第五单元　卧式车床装配与调整 ……………………………………………（90）
课题一　常用装配工具和设备 ……………………………………………………（90）
课题二　金属切削机床型号 ………………………………………………………（93）
课题三　CA6140 型卧式车床及其传动系统 ……………………………………（95）
课题四　CA6140 型卧式车床主要部件及典型机构 ……………………………（96）
课题五　卧式车床的总装配 ………………………………………………………（98）
课题六　卧式车床的试车和验收 …………………………………………………（100）

第六单元　机械设备的润滑、密封与保养 ……………………………………（103）
课题一　机械设备的润滑 …………………………………………………………（103）
课题二　机械装置的密封 …………………………………………………………（105）
课题三　机械设备的保养 …………………………………………………………（106）

绪　论

一、填空题

1. 按生产劳动的性质和任务划分，一般机械加工或制造企业有__________工、__________工、__________工、__________工、__________工、__________工、钳工和热处理工等工种。

2. 钳工是使用__________工具或__________，按技术要求对工件进行加工、__________、__________的工种。

3. 钳工的特点是手工操作多、__________、__________、__________，且操作者本身的技能水平直接影响加工产品的质量。

4. 钳工工艺与技能训练是一门研究钳工所需的__________与__________的专业技术课。

二、判断题

1. 零件毛坯的制造方法有铸造、锻压和焊接等。（　　）

2. 机器上所有零部件都是通过金属切削方法加工出来的。（　　）

三、简答题

1. 钳工的基本操作技能包括哪些？

2. 简述钳工工艺与技能训练课程的主要任务。

3. 如何才能学好钳工工艺与技能训练这门课程？

第一单元　钳 工 基 础

课题一　钳工一般知识

一、填空题

1.《中华人民共和国职业分类大典》将钳工划分为__________、__________和__________三类。

2. 装配钳工主要从事__________、机械设备的__________与__________工作。

3. “6S”是整理、__________、__________、清洁、__________、__________六项活动的统称。

4. 台虎钳是用来夹持工件的__________夹具，其规格用钳口的__________来表示，常用的规格有__________ mm、__________ mm 和__________ mm 等。

5. 砂轮机由电动机、__________、__________、__________和防护罩组成。

6. 钳工常用的钻床有__________钻床、__________钻床和__________钻床。

7. 台式钻床主要用于钻直径在__________ mm 以下的孔。

二、判断题

1. 钳工工作时必须穿戴好防护用品。（　　）

2. 对不熟悉的设备和工具，一律不得擅自使用。（　　）

3. 为保证工件在加工过程中牢固可靠，工件在台虎钳上夹持得越紧越好。（　　）

4. 台虎钳活动钳身做成平面，为的是便于工作时敲击工件。（　　）

5. 强力作业时，应尽量使用力的方向朝向活动钳身。（　　）

6. 砂轮机的旋转方向应使磨屑向下飞离砂轮。（　　）

7. 在砂轮机上磨削工件或刀具时，应根据需要，站在砂轮机的前面或侧面。（　　）

8. 砂轮机托架距砂轮的距离不大于 5 mm。（　　）

9. 立式钻床主要用于中小型工件的钻、扩、锪、铰和攻螺纹等工作。（　　）

10. 钻床需要变速时，应先停车后变速。（　　）

三、选择题

1. 主要从事工具、夹具、量具、辅具、模具、刀具等的制造和修理工作的工种是（　　）钳工。

A. 装配　　B. 机修　　C. 工具

2. 对小型工件进行钻、扩、铰小孔，最好在（　　）钻床上进行。

A. 立式　　　　B. 台式　　　　C. 摇臂

3. 工作台可以升降，主轴变速箱也可升降的钻床是（　　）钻床。

A. 台式　　　　B. 立式　　　　C. 摇臂

四、简答题

1. 钳工的工作场地有哪些要求?

2. 简述“6S”管理的内容。

3. 台虎钳的使用注意事项有哪些?

4. 根据图 1—1—1，写出台虎钳各部分的名称。

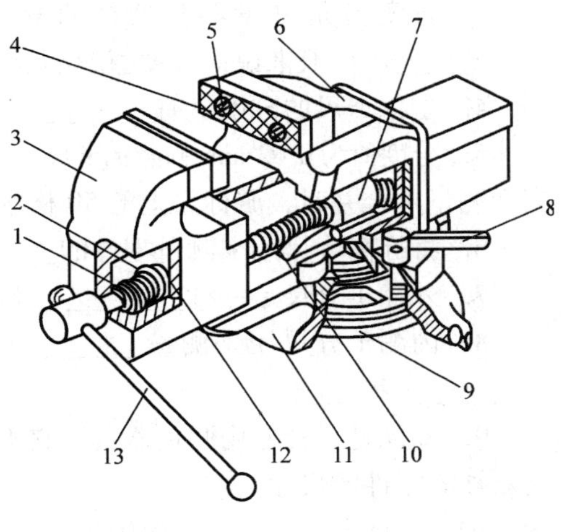

图 1—1—1

5. 使用砂轮机应遵守哪些安全操作规程？

6. 钻床的使用注意事项有哪些？

课题二　钳工常用测量器具

一、填空题

1. 为了保证零件和产品的质量，在生产中必须用__________对其进行测量。

2. 根据国家标准，测量器具分为__________、__________、__________、__________、__________、__________以及其他测量器具七大类。

3. 分度值是测量器具所能直接读出示值的__________，它反映了该测量器具的__________。一般来说，分度值越小，测量器具的精度__________。

4. 游标卡尺的分度值有__________、__________和__________三种。

5. 分度值为0.02 mm的游标卡尺，尺身上主标尺间距（每小格长度）为__________ mm。当两测量爪合并时，游标尺上的50格刚好与主标尺上的__________ mm对正。

6. 游标高度尺用来测量零件的__________尺寸和__________。

7. 外径千分尺是一种__________量具，测量精度要比游标卡尺__________。

8. 内测千分尺用来测量__________和__________；深度千分尺用来测量__________、__________和__________。

9. 塞规是一种专用测量器具，它不能读出零件及产品的__________尺寸数值，但是能判断被测零件的尺寸__________。

10. 卡规有__________使用和__________使用两种形式。

11. 塞尺是具有准确__________尺寸的单片或成组的薄片，用于检验间隙的__________量具。

12. 塞尺可单片使用，也可__________使用，在满足所需尺寸的前提下，片数

__________越好。

13. 量块的精度等级分为__________、__________、__________、__________、__________共五个级别，其中__________精度最高，__________精度最低。

14. 为了工作方便，减少__________，选用量块时，应尽可能选用__________的组合块数，一般情况下块数不超过__________块。

15. 百分表属于长度__________测量器具，主要用来测量工件的__________、__________和__________误差，也可用于检验机床的__________或调整零件的__________偏差。

16. 内径百分表可用来测量__________和孔的__________误差。

17. 测量面和基准面相互垂直，用于检验直角、垂直度和平行度误差的测量器具称为__________。

18. 钳工常用的直角尺有__________直角尺、__________直角尺和__________直角尺等。

19. 游标万能角度尺主要用来测量零件和样板的__________和__________，其测量范围有__________和__________。

20. 正弦规是根据__________原理，利用__________的组合尺寸，以__________方法测量角度的测量器具。

21. 专用于__________和__________误差测量的器具称为形位误差测量器具。

22. 使用刀口尺时不得碰撞，以确保其工作棱边的__________，否则将影响测量的__________。

23. 平板可用于机床机械检验测量基准，检查零件的__________或__________，并作__________；也可用__________检验零件平面度。

24. 方箱是由__________的平面组成的矩形基准器具，又称为方铁。

25. 为了保持测量器具的精度，延长其使用寿命，必须要注意对测量器具进行__________和__________。

26. 不能用精密测量器具测量__________的铸、锻毛坯或带有__________的表面。

27. 温度对测量结果的影响很大，精密测量一定要在__________左右进行；一般测量可在室温下进行，但必须使零件和量具的温度__________。

二、判断题

1. 游标卡尺应按零件的尺寸及精度要求选用。（　　）
2. 数显卡尺或带表卡尺测量的准确性比普通游标卡尺低。（　　）
3. 千分尺的测量面应保持干净，使用前应校对零位。（　　）
4. 不能用千分尺测量毛坯或转动的零件。（　　）
5. 测量尺寸为 60.25 mm 的中心距时，只有选择 0.02 mm 的游标卡尺才能满足测量的精度要求。（　　）
6. 为了保证测量的准确性，一般可用量块直接测量工件。（　　）
7. 游标深度卡尺主要用来测量孔的深度、台阶的高度和沟槽深度。（　　）
8. 塞尺可以测量温度较高的零件，且不能用力太小。（　　）
9. 卡规的特点是检验效率低，在单件、小批量生产中应用广泛。（　　）

10. 游标万能角度尺的分度值有 0.02 mm 和 0.05 mm 两种。 ( )

11. 刀口形直角尺是指测量面与基准宽度相等的直角尺。 ( )

12. 刀口尺主要用来测量工件的直线度或平面度。 ( )

13. 使用平板时，零件要轻拿轻放，不要在平板上挪动比较粗糙的零件，以免对平板工作面造成磕碰、划伤等损坏。 ( )

14. 可以把测量器具放在热源或磁场附近。 ( )

三、选择题

1. 使用游标卡尺测量外尺寸时，卡尺测量面的连线应（ ）于被测量表面。

A. 垂直 B. 平行 C. 倾斜

2. 外径千分尺的测量范围在 500 mm 以内时，每（ ）mm 为一种规格。

A. 25 B. 50 C. 100

3. 内测千分尺刻线方向与外径千分尺刻线方向（ ）。

A. 相同 B. 相反 C. 相同或相反

4. 用百分表测量平面时，测头应与平面（ ）。

A. 倾斜 B. 垂直 C. 平行

5. 图 1—2—1 所示游标卡尺的精度为（ ），读数为（ ）mm。

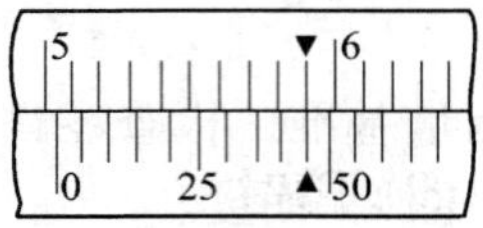

图 1—2—1

A. 1/10，5.9 B. 1/20，50.45 C. 1/50，50.18

6. 图 1—2—2 所示游标卡尺的精度为（ ），读数为（ ）mm。

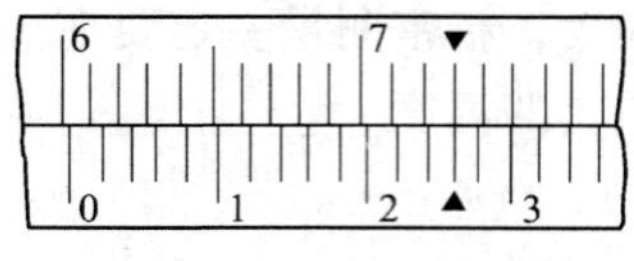

图 1—2—2

A. 1/50，60.26 B. 1/20，6.23 C. 1/50，6.26

7. 图 1—2—3 所示千分尺的读数是（ ）mm。

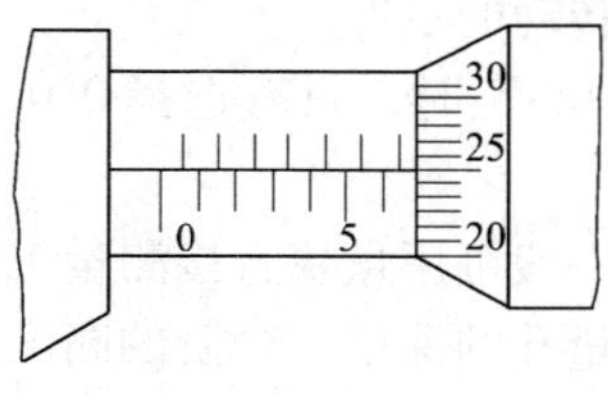

图 1—2—3

A. 5.25　　B. 6.25　　C. 6.75

8. 图1—2—4所示千分尺的读数是（　　）mm。

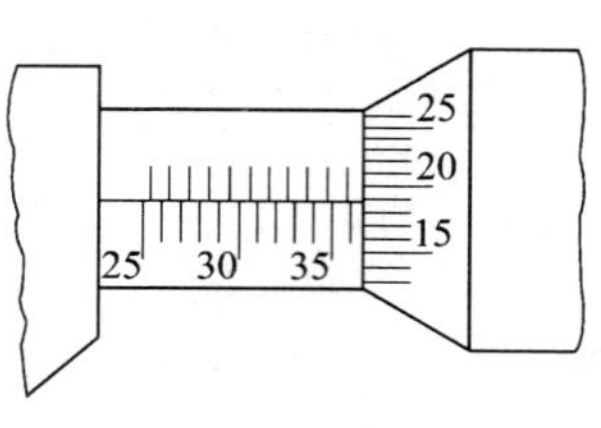

图1—2—4

A. 35.01　　B. 36.01　　C. 36.19

9. 常用刀口尺的精度等级不包括（　　）级。

A. 0　　B. 1　　C. 2

10. 精度等级为0级和1级的平板工作面应采用刮研法进行（　　）。

A. 精加工　　B. 半精加工　　C. 粗加工

11. 发现精密测量器具有不正常现象时，应（　　）。

A. 报废

B. 及时送交计量单位维修保养

C. 继续使用

12. 精密测量器具应（　　）送计量部门（计量站、计量室）检定，以免其示值误差超差而影响测量结果。

A. 定期　　B. 随时　　C. 不定期

四、简答题

1. 用游标卡尺测量工件时应怎样读数？

2. 简述分度值为0.02 mm游标卡尺的标记原理。

3．外径千分尺测量工件时应怎样读数？

4．简述外径千分尺的使用方法。

5．简述量块的使用注意事项。

6．简述百分表的标记原理。

7．简述分度值为2′的游标万能角度尺的标记原理。

8．简述测量器具的维护保养要求。

五、计算题

1. 如图 1—2—5 所示，用游标卡尺测得 $M=90.04$ mm，卡尺每个量爪的宽度 $t=5$ mm，两孔直径分别是 $D=20.04$ mm，$d=16.96$ mm，求两孔中心距 L。

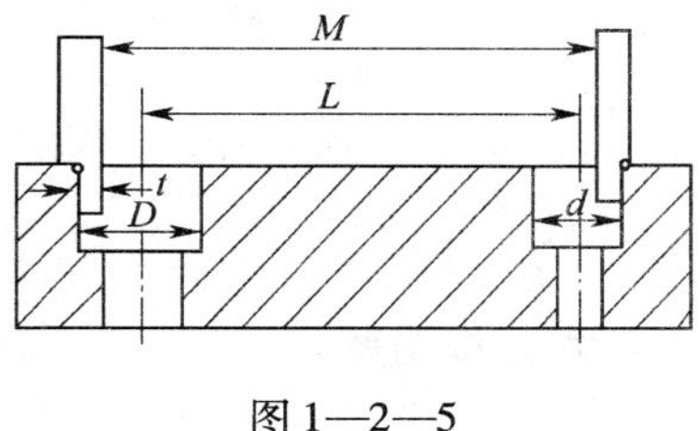

图 1—2—5

2. 如图 1—2—6 所示，用游标卡尺测得 $Y=100.05$ mm，两测量棒直径 $d=10$ mm，$\alpha=60°$，求尺寸 B。

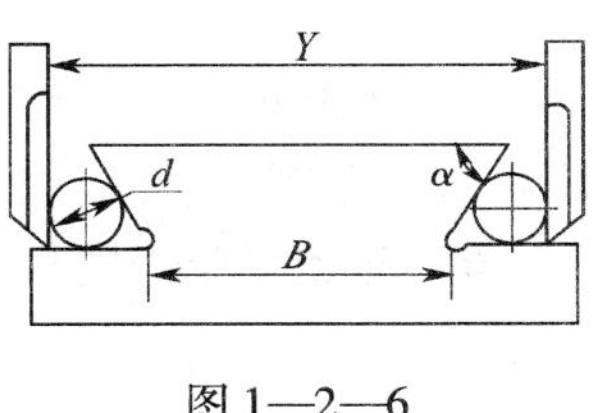

图 1—2—6

3. 用一量块组测量一工件尺寸为 84.425 mm，确定量块的块数。

4．用中心距为200 mm的正弦规，测量锥角为30°的工件，求圆柱下应垫量块组的高度尺寸。

六、作图题

1．用精度为0. 05 mm的游标卡尺测得工件尺寸为45. 25 mm，画出放大刻度后的读数示意图。

2．用外径千分尺测量工件，读数分别为10. 24 mm和30. 65 mm，画出两种千分尺测量读数的示意图。

第二单元　钳工基本技能

课题一　划　　线

一、填空题

1. 划线分__________划线和__________划线两种。只需要在工件的一个表面上划线后即能明确表示加工界限的，称为__________划线。

2. 划线是机械加工中的重要工序之一，广泛应用于__________或__________生产。

3. 划线除要求划出的线条__________外，最重要的是保证__________。划线精度一般为__________ mm。

4. 划线平板的作用是安放__________和__________，并在其工作面上完成划线及__________过程。

5. 划规是用来__________和__________、__________和__________、__________的工具。

6. 划线盘上的划针有直头和弯头，直头用于__________，弯头用于__________。

7. 划线基准选择的基本原则是应尽可能使__________基准与__________基准相一致。

8. 平面划线一般选择__________个划线基准，立体划线一般要选择__________个划线基准。

9. 常用的划线涂料有__________和__________。

10. 分度头是铣床上__________用的附件，钳工常用来对中小型工件进行__________和__________。

11. 利用分度头可在工件上划出__________线、__________线、__________线和圆的等分线或不等分线等。

二、判断题

1. 为使划线清晰，划线前应在铸件毛坯上涂一层蓝油，在已加工表面上涂一层石灰水。（　）

2. 划线应从划线基准开始。（　）

3. 在平板上划线时，为了延长平板的使用寿命，要经常使用平板的某一处。（　）

4. 找正和借料两项工作是分开进行的。（　）

5. 用千斤顶支承工件时，应尽可能选择较大的支承面积。（　）

6. 当工件上有两个以上的不加工表面时，应选择其中面积较小、较次要的或外观质量要求较低的表面为主要找正依据。（　）

7．无论工件上的误差或缺陷有多大，都可采用借料的方法来补救。（　　）

8．为提高工作效率，可用手直接调节千斤顶支顶工件的升降。（　　）

三、选择题

1．经过划线确定加工的最后尺寸，在加工过程中应通过（　　）来保证尺寸准确度。

A．测量　　B．划线　　C．加工

2．划针的尖端通常磨成（　　）。

A．10°～12°　　B．12°～15°　　C．15°～20°

3．一次安装在方箱上的工件，通过方箱翻转，可划出（　　）个方向的尺寸线。

A．1　　B．2　　C．3

4．已加工表面划线常用（　　）作涂料。

A．石灰水　　B．蓝油　　C．硫酸铜溶液

5．毛坯工件通过找正后划线，可使加工表面与不加工表面之间保持（　　）均匀。

A．尺寸　　B．形状　　C．尺寸和形状

6．使用分度头划线，当手柄转一周时，装在卡盘上的工件转（　　）周。

A．1　　B．0.1　　C．1/40

四、名词解释

1．划线

2．划线基准

3．找正

4．借料

五、简答题

1．划线的作用有哪些？

2. 划线基准有哪三种基本类型？

3. 划线前应做好哪些准备工作？

4. 找正时应注意的事项主要有哪些？

5. 简述借料划线的一般过程。

6. 根据图 2—1—1 所示分度头传动系统，叙述分度头的工作原理。

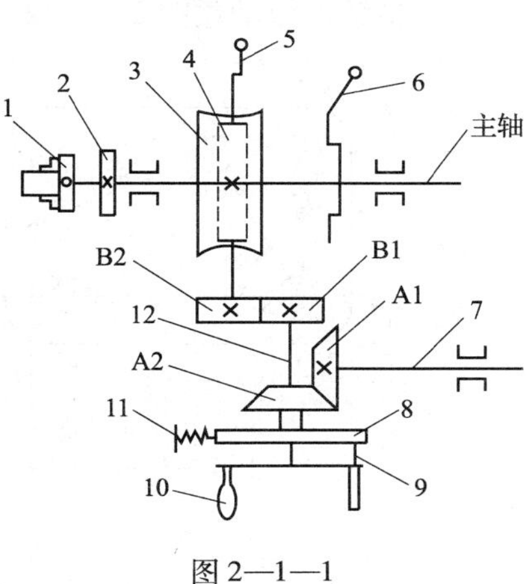

图 2—1—1

六、计算题

利用分度头在一工件的圆周上划出均匀分布的15个孔的中心，求每划完一个孔中心后，分度头手柄应转过多少圈后再划第二条线？如在30个孔的孔圈上应如何转动？

七、作图题

有一个圆环毛坯，其外圆为 $\phi70$ mm，内孔为 $\phi25$ mm，由于铸件缺陷，使得内外圆圆心偏移了5 mm。现要求其内孔加工成 $\phi32$ mm，外圆加工成 $\phi63$ mm。用1∶1的比例画出借料的方向和大小。

八、综合题

根据钻模板示意图2—1—2，写出划线的步骤和方法。

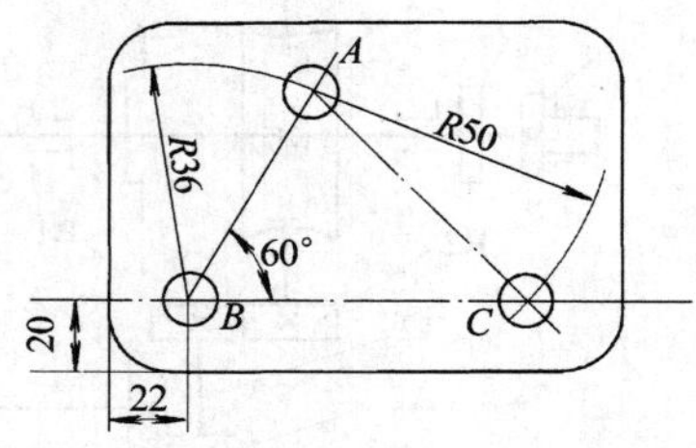

图2—1—2

提示：

1. 先计算出 BC 的长度。
2. 划 BC 线。
3. 划 B 孔中心线。

4. 划 BA 线。

5. 划 A 孔中心线。

6. 划 C 孔中心线。

课题二　錾　　削

一、填空题

1. 用锤子敲击__________对金属进行切削加工的操作方法，称为錾削。

2. 錾削是一种粗加工，平面度可控制在__________ mm 之内。主要用于去除毛坯上的毛刺、____________、____________，切割__________、__________，錾削__________、__________、__________等。

3. 錾子由__________、__________和__________组成。

4. 錾子一般用碳素工具钢锻打成型后，经刃磨和热处理使其切削部分硬度达__________ HRC，头部硬度达__________ HRC。

5. 钳工常用的錾子有__________、__________和__________。

6. 切削加工过程中工件上形成__________、__________和__________三个表面。

7. 錾子切削部分由__________面、__________面和__________组成。

8. 錾子前面和__________面之间的夹角称为前角。

9. 錾子前面与后面之间的夹角称为__________角。

10. 錾子后面与__________面之间的夹角为后角。

11. 錾削时，若后角太大，会使錾子切入__________，錾削困难；若后角太小，易使錾子从切削表面__________。

12. 錾削时，前角__________，切削省力，切屑变形__________。

13. 当錾子的前角为35°、后角为6°时，錾子的楔角为__________。

14. 切屑有多种类型，分别是__________切屑、__________切屑、__________切屑和__________切屑。

二、判断题

1. 錾子的前角、后角与楔角之和为90°。（　　）

2. 为提高錾子的强度，经热处理后的錾子，其切削部分的硬度值越高越好。（　　）

3. 刃磨錾子时，应先把一个楔面磨好后再磨另一个楔面。（　　）

4. 錾子热处理时，“蓝火”的硬度太高，而“黄火”的硬度比较适中。（　　）

5．錾削大平面时，应先用尖錾錾出间隔直槽，再用扁錾錾削剩余部分。（　　）
6．油槽錾的切削刃较长，呈直线形。（　　）
7．扁錾和尖錾均可用于錾削沟槽及分割曲线形状板料。（　　）

三、选择题

1．錾削较小的平面时应选用（　　）。
A．扁錾　　B．油槽錾　　C．尖錾
2．正确握錾的方法应该是用左手（　　）握住，小拇指自然合拢。
A．食指和大拇指　　B．中指和食指　　C．中指和无名指
3．錾削时，选用（　　）的后角比较合适。
A．3°～4°　　B．5°～8°　　C．10°～15°
4．錾削平面时应从工件（　　）着手起錾。
A．中间　　B．边缘　　C．边缘尖角
5．錾削直槽时应从（　　）起錾。
A．正面　　B．边缘　　C．边缘尖角
6．錾子的前面为其切削部分与（　　）接触的表面。
A．工作表面　　B．切削表面　　C．切屑
7．錾削中等硬度材料时，楔角取（　　）。
A．30°～50°　　B．50°～60°　　C．60°～70°
8．钳工用锤子的规格用锤体（　　）表示。
A．长度　　B．质量　　C．体积
9．当錾削距尽头约（　　）mm 时，必须掉头錾去余下的部分，以防材料崩裂。
A．5～10　　B．10～15　　C．15～20

四、简答题

1．錾子刃磨时的注意事项有哪些？

2．什么情况下易产生带状切屑？什么情况下易产生崩碎切屑？

3. 简述錾削时的注意事项。

五、作图题

画出錾子錾削时形成的几何角度的示意图，并用字母标出。

课题三　锯　　削

一、填空题

1. 用__________对材料或工件进行__________或__________的加工方法称为锯削。
2. 锯弓用于安装和张紧锯条，有__________式和__________式两种。
3. 锯条的规格包括__________规格和__________规格两部分。锯齿粗细由锯条每__________ mm 长度内的锯齿数来表示。
4. 锯削的速度控制在__________次/min 以内。
5. 锯削时应充分利用锯条的有效全长进行切削，一般锯削行程不小于锯条全长的__________。
6. 起锯的方法有__________起锯和__________起锯两种。一般情况下要采用__________起锯，无论采用哪种起锯方法，起锯角都要控制在__________左右为宜。
7. 锯削薄壁管子或精加工的管子时，要用__________或__________夹持，以防夹扁管子或夹坏管子表面。
8. 锯削管子和薄板料时，必须用__________锯条。

二、判断题

1. 锯削是一种粗加工方式，平面度一般可控制在 0.5 mm 之内。（　　）
2. 锯条的种类较多，按其特性分为单面齿型（代号 A）和双面齿型（代号 B）两种。（　　）
3. 锯条的长度规格用两销孔中心距表示。（　　）
4. 锯削时，锯弓的运动可以取直线运动，也可以取小幅度的上下摆动式运动。（　　）

5. 锯削推进时的速度应稍慢，并保持匀速；锯削回程时的速度应稍快，且不加压力。 （　）

6. 工件将要锯断时锯力要减小，以防断落的工件砸伤脚部。 （　）

7. 锯削硬材料、薄壁管子或薄板零件时宜选用细齿锯条。 （　）

三、选择题

1. 锯削软钢、铝、铜时，应选用（　　）齿的手用锯条。

   A. 粗　　B. 中　　C. 细

2. 锯条安装时一定要注意锯齿应（　　）倾斜。

   A. 向后　　B. 向前　　C. 向后或向前

3. 为避免锯条卡住或崩裂，起锯角一般不大于（　　）。

   A. 10°　　B. 15°　　C. 20°

四、简答题

1. 解释 HTA300×10.7×1.4 的含义。

2. 什么是锯条的分齿形式？它有什么作用？

3. 锯削管子为什么要用细齿锯条？锯削管子时应注意什么？

4．叙述锯削时锯齿崩裂的主要原因。

5．叙述锯缝歪斜的主要原因。

6．保证锯削安全的措施有哪些?

五、作图题

画出手锯在锯削时的几何角度，并标注角度名称。

课题四　锉　　削

一、填空题

1．锉削的精度可达__________ mm，表面粗糙度值可达__________。

2．锉刀用优质碳素工具钢 T12、T13 或__________、__________制成，经热处理淬硬，其切削部分的硬度可达__________ HRC。

3．锉刀由__________和__________两部分组成。

4．锉纹是由锉齿规则排列而成，锉刀的锉纹有__________纹和__________纹两种。

5．使用双锉纹锉刀锉削时，锉屑是__________的，切削比较__________，适用于锉削

__________材料。

6. 锉刀按用途不同，分为__________锉、__________锉和__________锉三种。

7. 异形锉主要用来锉削工件上的__________表面。

8. 锉刀规格包括__________规格和__________规格。方锉的尺寸规格用__________尺寸表示，其他锉刀则以__________表示。

9. 普通锉刀锉纹粗细规格以锉刀每__________ mm 轴向长度内__________的条数表示。

10. 锉刀的选择应根据工件表面形状、__________、__________、__________的大小以及__________和__________的高低来选用。

11. 锉削速度一般控制在__________以内，推出时的速度__________，回程时的速度__________，且动作要协调自如。

12. 锉削内圆弧表面应选用__________锉或__________锉。锉削时锉刀要同时完成__________个运动。

二、判断题

1. 锉刀的锉齿排列有单双之分，一般单齿纹采用铣齿加工，双齿纹采用剁齿加工。（ ）

2. 由于使用单锉纹锉刀省力，因此可用其锉削较硬材料的工件。（ ）

3. 用双锉纹锉刀可锉出表面粗糙度值较小的工件。（ ）

4. 圆锉和方锉的尺寸规格，都是以锉身长度来表示的。（ ）

5. 当锉削铜、铝等软金属以及加工余量大、精度低、表面要求较粗糙的工件时，一般选用齿纹较粗的锉刀。（ ）

6. 应根据工件表面的形状和尺寸选择锉刀尺寸规格。（ ）

7. 要想锉出平直的表面，使用锉刀时左手压力应由大到小，右手压力应由小到大。（ ）

8. 锉削回程时应加以较小的压力，以减小锉齿的磨损。（ ）

9. 推锉一般用来锉削狭长的表面。（ ）

10. 锉削内圆弧面时，锉刀要同时完成前进运动、沿圆弧面向左或向右移动、绕锉刀轴线转动。（ ）

11. 为观察锉削情况，应不断地用嘴吹去或用手擦去工件表面的锉屑。（ ）

12. 新锉刀在使用时应先用一个面，待其用钝后再用另一个面。（ ）

三、选择题

1. 双锉纹锉刀中，锉纹浅的称（ ）锉纹。

A. 主　　B. 辅助　　C. 交叉

2. 单锉纹锉刀适用于（ ）材料的锉削。

A. 硬　　B. 软　　C. 最硬

3. 平锉刀的主要工作面是（ ）。

A. 锉刀上下两面　　B. 两侧面　　C. 全部有锉齿的表面

4. 圆锉刀的规格是用锉刀的（ ）尺寸表示的。

A．长度　　B．直径　　C．半径

5．平锉、方锉、半圆锉和三角锉属（　　）锉刀。

A．异形　　B．整形　　C．普通

6．适用于最后锉光和锉削不大平面的锉削方法是（　　）。

A．交叉锉　　B．顺向锉　　C．推锉

四、简答题

1．锉刀的粗细规格如何选择？

2．平面锉削的基本方法有哪几种？各用在什么场合？

3．叙述平面锉削要领。

4．锉削时平面不平的原因有哪些？应如何预防？

课题五　刮　　削

一、填空题

1．用__________刮除工件表面__________的加工方法称为刮削。

2．经过刮削的工件能获得很高的__________精度、形状和位置精度、__________精度、__________精度和很小的__________。

3．刮削常用的显示剂有__________和__________两种，前者广泛用于__________等黑色金属工件上，后者用于____________________工件上。

4．根据被刮削面的形状，刮削分为__________刮削和__________刮削两种。

5．平面刮削采用__________刮和__________刮两种姿势。

6．刮削一般按__________刮、__________刮、__________刮和__________的步骤进行。

7．粗刮要求每 25 mm×25 mm 的方框内有__________个研点。

8．细刮要求每 25 mm×25 mm 的方框内有__________个研点。

9．刮花的目的：一是增加刮削面的__________，二是改善滑动件之间的__________条件。

10．刮削精度包括__________精度、__________精度、__________精度、配合间隙和表面粗糙度等。

11．原始平板一般采用__________法刮削，即不用标准平板，而用__________块平板循环互研互刮而成。

二、判断题

1．刮削具有刮削量小、切削力大、切削热少、切削变形大等特点。（　　）

2．三角刮刀可用来刮削曲面。（　　）

3．标准平板是用来研点和校验刮削表面质量的工具。（　　）

4．中小型工件刮削研点时，工件不动，而用校准平板在工件上推研。（　　）

5．若以不均匀的压力研点，会出现假点，造成研点失真。（　　）

6．粗刮的目的是增加研点数，改善工件表面质量，满足精度要求。（　　）

7．精刮时落刀要轻，起刀要快，每个研点只能刮一刀，不能重复。（　　）

8．调和显示剂时，粗刮可调得稀些，精刮应调得干些。（　　）

9．当刮刀切削刃不锋利或直线度不好时，刮削中易出现粗糙的条状痕迹。（　　）

三、选择题

1．经过刮削的表面，其组织变得比原来（　　）。

A．疏松　　B．粗糙度值小　　C．紧密

2．曲面刮刀可用来刮削（　　）。

A．平面　　B．内曲面　　C．外曲面

3．手刮平面时，刮刀与刮削平面之间的夹角选择（　　）比较适宜。

A. 10°~15°　　B. 25°~30°　　C. 40°~45°

4. 对大型工件的研点进行刮削时，应让（　　）固定，让（　　）运动。

A. 工件　　B. 标准平板

5. 粗刮时，刮刀楔角取（　　）。

A. 90°~92.5°　　B. 95°　　C. 97.5°

6. 粗刮刀的刃口呈（　　）。

A. 圆弧形　　B. 稍带弧形　　C. 平直形

7. 细刮时，刮削方法采用（　　）。

A. 连续推铲法　　B. 短刮法　　C. 点刮法

8. 刮削平面出现（　　）是由于切削刃不锋利引起的。

A. 振痕　　B. 深凹痕　　C. 丝纹

四、简答题

1. 叙述刮削的特点和功用。

2. 曲面刮刀有几种类型？各有什么功用？

3. 粗刮、细刮、精刮在研点数上有何不同？

4. 叙述刮削时显示剂的用法。

五、作图题

画出用渐近法刮削、推研原始平板的示意图，并叙述其循环刮削、推研的过程。

课题六　研　　磨

一、填空题

1. 使用__________工具和__________，从工件表面上研去一层极薄金属层的加工方法称为研磨。

2. 研磨的作用主要是使工件获得精确的__________、__________和__________的表面粗糙度值。

3. 常用的研具材料有__________、__________、__________和__________。

4. 灰铸铁具有__________适中、__________好、__________低和研磨效果好等特点，是一种应用广泛的研具材料。

5. 不同形状的工件需要不同形状的研具，研具常用的类型有__________、__________和__________三种。

6. 研磨套类工件用的研磨棒有__________式、__________式两种。

7. 研磨剂是由__________、__________和__________材料调配而成的混合剂。

8. 由于分散剂和辅助材料的成分和配合的比例不同，研磨剂分为__________研磨剂、研磨__________和__________研磨剂三种。

9. 研磨方法有__________研磨和__________研磨两种。

10. 手工研磨的运动轨迹有__________形、__________形、__________形、__________形和__________形等。

11. 对较小工件研磨或粗研时，可用__________的压力和__________的研磨速度。

12. 圆柱面的研磨一般是__________与__________配合进行研磨。

13. 在车床上研磨外圆柱面，是通过工件的__________和研具在工件上沿轴向做__________运动进行研磨。

二、判断题

1. 有槽研磨平板用于精研，光滑研磨平板用于粗研。（　　）

2. 软钢韧性较好，不易折断，常用来制作小型工件的研具。（　　）

3. 研磨时应当把磨料直接涂在研具上。（　　）

4. 研磨平面时，如采用螺旋线形的运动轨迹则难以获得较好的平面度，以及较小的表面粗糙度值。（　　）

5. 研磨狭长平面工件时，应用金属块作导靠，以保证研磨精度。（　　）

6. 研磨内圆柱表面时，研磨棒的长度应为工件长度的 1.5～2 倍。（　　）

7. 用研磨棒研磨内孔时，若配合太紧，容易将孔口拉毛；若配合太松，又容易把内孔研成椭圆形。（　　）

三、选择题

1. 研磨是微量切削，因此研磨余量不能太大，一般为（　　）mm。

A. 0.002～0.005　　B. 0.005～0.030　　C. 0.05～0.40

2. 研具的材料应比工件的材料（　　）。

A. 硬　　B. 软　　C. 硬度相等

3. 粗研平面时应选择（　　）的研磨平板。

A. 带槽　　B. 光滑　　C. 中凸

4. 研磨中起稀释、润滑和冷却作用的是（　　）。

A. 磨料　　B. 分散剂　　C. 辅助材料

5. 直线摆动式研磨适用于（　　）的研磨。

A. 圆柱端面　　B. 较大平面　　C. 平直的圆弧面

6. 研磨外圆柱面时，研磨环在工件上的往复移动速度根据工件表面出现的网纹倾斜角度来控制，当出现（　　）交叉网纹时，说明研磨速度适宜。

A. 30°　　B. 45°　　C. 60°

四、简答题

1. 研磨过程中哪些现象属于物理现象？哪些现象属于化学现象？（提示：从摩擦、润滑和氧化方面考虑。）

2. 研磨时的压力和速度对研磨质量有哪些影响？

3. 研磨后工件表面不光洁的原因有哪些？应如何预防？

4. 研磨套类工件时，若孔呈椭圆形或有锥度，其主要原因是什么？

课题七　综合技能训练（一）

1. V 形架制作

有一块 50 mm × 51 mm × 80 mm 的长方体坯料，如图 2—7—1 所示，其六个面已锉削成形。现在需要把它加工成图 2—7—2 所示的 V 形架。

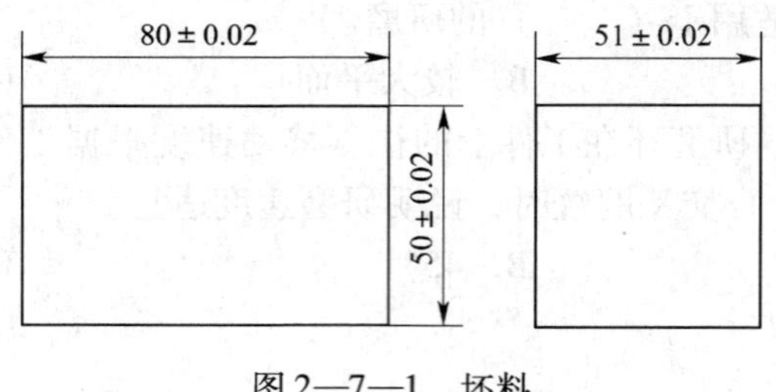

图 2—7—1　坯料

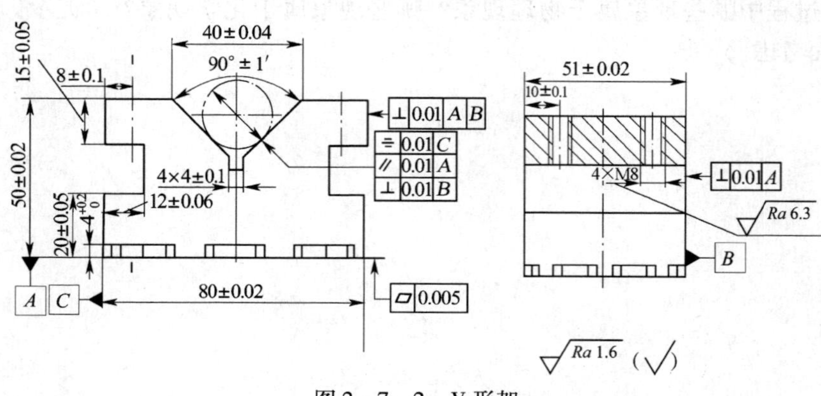

图 2—7—2　V 形架

（1）叙述 $90° \pm 1'$ V 形槽的划线步骤。

（2）叙述两直方槽的划线步骤。

（3）作图说明底边菱形块的划线方法。

（4）叙述 90° V 形槽的加工方法及步骤。（提示：分别采用锯、錾、锉、研的加工方法。）

（5）叙述两直方槽的加工步骤。

2. 长四方、正六角、正八角体制作

完成如图 2—7—3 所示长四方、正六角、正八角体的制作。

毛坯材料为 ϕ51 mm × 152 mm，45 钢。

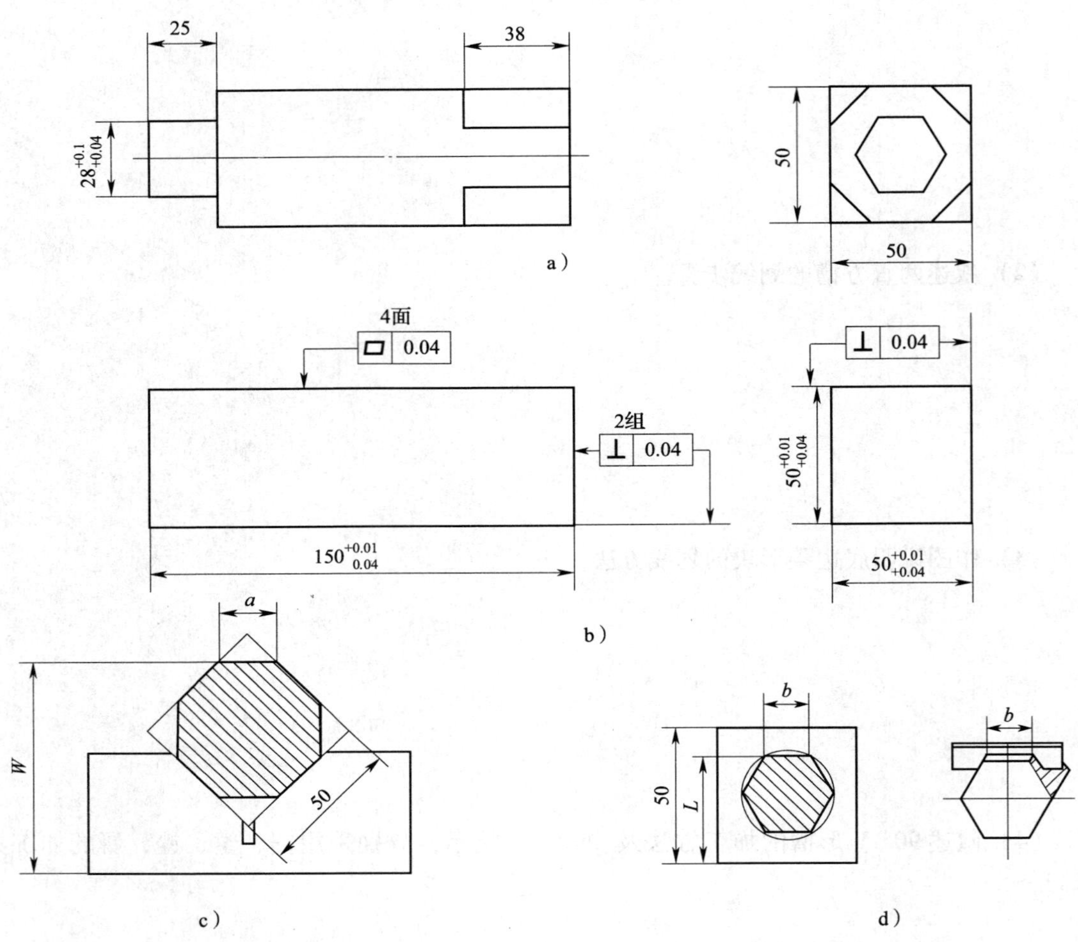

图 2—7—3　长四方、正六角、正八角体

a）长四方、正六角、正八角体　b）长四方体

c）正八角体加工步骤　d）正六角体加工步骤

（1）画图并说明将圆柱体加工成长四方体的划线及加工步骤。

（2）画图并说明将长四方体一端加工成正六角形的划线及加工步骤。

（3）画图并说明将长四方体的另一端加工成正八角形的划线及加工步骤。

课题八　钻床与孔加工

一、填空题

1. 在钻床上可以进行钻孔、__________、__________、__________和攻螺纹等多项操作。

2. 钳工常用的钻床有__________、__________和__________等。

3. Z4112 型台式钻床是一种__________型钻床，其最大钻孔直径为__________ mm，主轴转速分__________级。

4. Z4112 型台式钻床工作台自身还可左右倾斜__________。

5. Z525B 型立式钻床最大钻孔直径为__________ mm，主轴锥孔为__________锥度，主轴转速分__________级，主轴进给量分__________级。

6. Z525B 型立式钻床主要由底座、立柱、工作台、主轴、__________机构、__________机构、__________系统、照明和电气控制部分等组成。

7. Z525B 型立式钻床的传动系统包括三部分，即主轴的__________（主运动）、主轴的__________（进给运动）和__________的升降（辅助运动）。

8. 摇臂钻床适用于在__________型工件上进行__________、__________、__________、__________及__________等工作。

9. Z3050×16（Ⅰ）型摇臂钻床最大钻孔直径为__________ mm，主轴锥孔为__________锥度。

10. Z3050 × 16（Ⅰ）型摇臂钻床可以实现__________进给、__________进给、__________进给以及__________切削。

11. 钻夹头是钻床主要辅具之一，它按用途分为__________、__________和__________

三类，连接形式有__________连接和__________连接两种。

12. 标准钻头变径套共有__________种。对3号钻头变径套来说，内锥孔为__________锥度，外圆锥为__________锥度。

13. 用楔铁拆卸钻头时，楔铁带圆弧的一边应放在__________面，否则会把钻床主轴（或钻头变径套）上的__________挤坏。

14. 用钻头在__________工件上加工出__________的工艺过程叫作钻孔；将已有的孔进行扩大加工的工艺过程叫作__________。

15. 在钻床上钻孔，钻头的旋转运动是__________运动，钻头沿轴向的移动是__________运动。

16. 钳工常用的刀具材料有__________钢、__________钢、__________钢和__________等。

17. __________钢常用于制造丝锥、圆板牙等形状复杂的刀具。

18. 麻花钻由__________和钻柄组成，其钻柄有__________柄和__________柄两种。

19. 麻花钻的钻体包括__________和由两条刃带形成的__________及空刀。

20. 麻花钻主切削刃上的前角大小是变化的，外缘处__________，自外向内逐渐__________。

21. 麻花钻主切削刃上的后角大小是__________的，外缘处__________，越近钻心后角__________。

22. 标准麻花钻的顶角 $2\varphi =$__________，此时两主切削刃呈__________。

23. 磨短横刃并增大钻心处的__________，可减小__________和__________现象，提高钻头的__________作用和切削的__________性，使切削性能得以__________。

24. 标准群钻的刃形特点是：__________尖、__________刃、__________种槽。

25. 钻削时切削用量包括__________、__________和__________。

26. 直径为 $\phi 20$ mm 的麻花钻，钻孔时的背吃刀量为__________mm。

27. 钻削用量的选用原则是：在允许的范围内，尽量先选较大的__________，当受到表面粗糙度和麻花钻刚度的限制时，再考虑选较大的__________。

28. 切削液有__________、__________、__________、防锈的作用。

29. 切削液主要有以冷却为主的__________切削液和以润滑为主的__________切削液两种。

30. 用 $\phi 50$ mm 的麻花钻将原孔径为 $\phi 40$ mm 的孔扩大，则扩孔的背吃刀量为__________mm。

31. 扩孔加工尺寸精度一般在__________之间，表面粗糙度值一般在__________之间，常作为孔的__________及铰孔前的__________。

32. 用麻花钻扩孔时，底孔直径约为所要求直径的__________倍；用扩孔钻扩孔时，底孔直径约为所要求直径的__________倍，进给量为钻孔时的__________倍，切削速度为钻孔时的__________。

33. 锪钻按孔口的形状一般分为__________、__________和__________三种。

34. 锥形锪钻的锥角有__________、__________、__________和__________四种。

35. 锪孔时的进给量应为钻孔时的__________倍，切削速度应为钻孔时的__________。

36. 铰刀是精度较高的多刃刀具，具有切削余量__________、导向性__________、加工精度高等特点。

37. 铰孔一般尺寸精度可达__________，表面粗糙度值可达__________。

38. 铰刀按使用方式分为__________铰刀和__________铰刀；按切削部分材料分为__________铰刀和__________铰刀；按结构分为__________铰刀和__________铰刀。

39. 铰削带有键槽的孔应选择__________铰刀。

40. 铰削尺寸较小的圆锥孔时，可先按__________直径钻出底孔，然后用__________铰削。

二、判断题

1. Z4112 型台式钻床主轴的变速是通过改变 V 带位置实现的。（　）

2. Z525B 型立式钻床主轴的进给运动可以自动进给，也可以手动进给。（　）

3. Z525B 型立式钻床的主轴允许不停车变速，而 Z3050×16（Ⅰ）型摇臂钻床必须停车变速。（　）

4. Z3050×16（Ⅰ）型摇臂钻床有 3 级高转速及 3 级大进给量，因有互锁，所以可同时选用。（　）

5. Z3050×16（Ⅰ）型摇臂钻床的传动系统可实现主轴回转、主轴进给、摇臂升降及主轴箱的移动。（　）

6. Z3050×16（Ⅰ）型摇臂钻床的主轴箱和立柱的夹紧或松开，只能同时进行，不可单独进行。（　）

7. 使用快换钻夹头可做到不停车换装刀具，从而大大提高了生产效率，也降低了操作者的劳动强度。（　）

8. 麻花钻的螺旋角是变化的，靠近外缘处的螺旋角最大。（　）

9. 当麻花钻的顶角为 118°时，两主切削刃为直线，小于 118°时呈凹曲线。（　）

10. 麻花钻刃带处的副后角为零，所以与孔壁摩擦严重。（　）

11. 一般直径在 5 mm 以上的麻花钻，均需修磨横刃。（　）

12. 群钻磨出月牙槽，形成凹形圆弧刃，把主切削刃分成 3 段，起到了分屑、断屑的作用，使排屑顺利。（　）

13. 标准群钻主要用来钻削碳钢和各种合金钢。（　）

14. 加工硬、脆等难加工材料必须使用硬质合金钻头。（　）

15. 钻孔时，冷却润滑的目的应以润滑为主。（　）

16. 钻削钢件应选择以冷却为主的乳化液。（　）

17. 起钻时被钻的孔若偏位较多，应在借正处打几个样冲眼或用錾子錾出几条槽，以减小借正的切削阻力。（　）

18. 钻孔进给量若太大会造成孔壁粗糙。（　）

19. 钻孔时进给量要选择合理，钻孔快穿透时应增大进给力。（　）

20. 为了提高生产效率，钻孔时可在主轴旋转状态下装夹、检测工件。（　）

21. 扩孔钻的齿数比麻花钻多，故导向性好，切削稳定。（　）

22. 扩孔是用扩孔钻对工件上已有的孔进行精密加工。（　）

23. 扩孔精度不如钻孔精度高。 ( )

24. 锪孔比钻孔进给量小，切削速度大的目的是为了提高工作效率。 ( )

25. 铰孔是用铰刀对粗加工的孔进行精密加工。 ( )

26. 铰孔时可能会产生孔径收缩或扩张现象。 ( )

27. 铰孔时，不论进刀还是退刀都不能反转。 ( )

28. 铰削时，为了便于断屑和排屑，铰刀应反转。 ( )

29. 选用新铰刀铰削钢件时，最好选用切削油润滑。 ( )

30. 铰孔选用乳化液比选用切削油可使被铰工件的表面粗糙度值小。 ( )

31. 铰削铸铁孔一般不加切削液，需要时可加煤油，但铰出的孔略大于铰刀的尺寸。

( )

三、选择题

1. 在钻床上常用锥孔连接的（ ）钻夹头，如 J2113H—B16 型钻夹头。

A. 重型　　B. 中型　　C. 轻型

2. 钻夹头是用来装夹（ ）钻头的。

A. 锥柄　　B. 直柄　　C. 直柄或锥柄

3. 钻头变径套用来装夹直径为（ ）mm 以上的锥柄钻头。

A. 13　　B. 15　　C. 20

4. 一般来说，钻头变径套的外圆锥比内锥孔大 1 号，非标钻头变径套则大（ ）。

A. 1 号　　B. 2 号　　C. 2 号或更多

5. 钻头直径大于 13 mm 时，夹持部分一般做成（ ）。

A. 直柄　　B. 莫氏锥柄　　C. 直柄或锥柄

6. 麻花钻的螺旋角通常为（ ）。

A. 30°　　B. 45°　　C. 60°

7. 麻花钻横刃处的前角 γ_o =（ ）。

A. −60° ~ −54°　　B. −30°　　C. 30°

8. 减小麻花钻的（ ）能使轴向力减小。

A. 前角　　B. 后角　　C. 顶角

9. 麻花钻顶角愈小，轴向力愈小，外缘处刀尖角愈大，利于（ ）。

A. 切削液的进入　　B. 散热　　C. 排屑

10. 钻削较软金属材料时应修磨（ ）处的前面。

A. 横刃　　B. 外缘　　C. 中间

11. 当麻花钻后角磨得偏大时，横刃斜角减小，横刃长度（ ）。

A. 增大　　B. 减小　　C. 不变

12. 孔的精度要求较高和表面粗糙度值要求较小时，加工中应选用主要起（ ）作用的切削液。

A. 润滑　　B. 冷却　　C. 冷却和润滑

13. 当孔的精度要求较高和表面粗糙度值要求较小时，加工中应取（ ）。

A. 较大的背吃刀量　　B. 较小的切削速度　　C. 较小的进给量

14．钻孔过程中需要测量时，应（　　）。

A．先测量后停车　　B．边测量边停车　　C．先停车后测量

15．扩孔的切削速度应（　　）钻孔速度。

A．高于　　B．低于　　C．等于

16．铰刀齿数一般为 4 ~ 8 齿，为测量直径方便，多采用（　　）齿。

A．偶数　　B．奇数　　C．偶数或奇数

17．手用铰刀的刀齿在刀体圆周上应（　　）分布。

A．均匀　　B．不均匀　　C．螺旋

18．手铰时，铰刀每次停歇的位置应当是（　　）的。

A．相同　　B．不同　　C．固定不变

19．对于锥度比较大或尺寸和深度较大的圆锥孔，为减小切削余量及刀齿负荷，铰孔前可先（　　），然后再用锥铰刀铰削。

A．以小端直径钻孔　　B．以大端直径钻孔　　C．钻出台阶孔

20．机铰时，应使工件（　　）次装夹进行钻、扩、铰以保证孔的加工位置。

A．1　　B．2　　C．3

21．麻花钻后角磨的过大，钻孔时易造成孔（　　）。

A．呈多角形　　B．表面粗糙度值较大　　C．表面粗糙度值较小

22．铰削速度过大，不仅使孔径表面粗糙度值变大，还会造成孔径（　　）。

A．缩小　　B．扩大　　C．呈多角形

23．若钻床主轴圆跳动量超差，铰出的孔将会出现（　　）现象。

A．中心偏移　　B．多棱形　　C．孔径缩小

24．铰刀磨损后继续使用，会造成（　　）。

A．孔径扩大　　B．表面粗糙度值小　　C．孔径减小

四、简答题

1．叙述立式钻床的使用注意事项。

2. 钻头变径套如何使用？

3. 刀具材料应具备哪些性能？

4. 写出图 2—8—1 所示麻花钻切削部分各要素的名称。

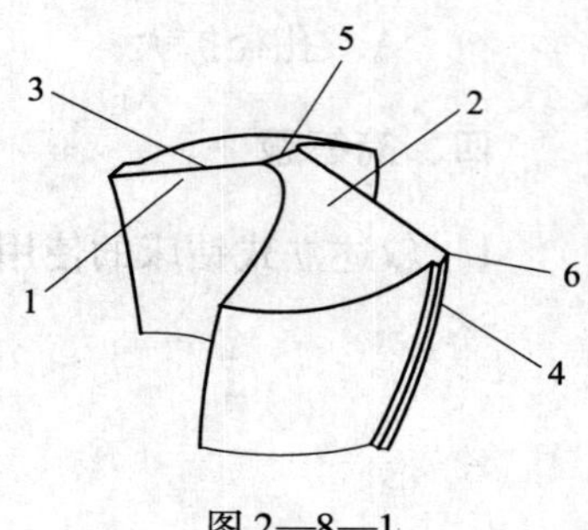

图 2—8—1

5．写出图 2—8—2 所示麻花钻切削角度的名称、代号及其对切削的影响。

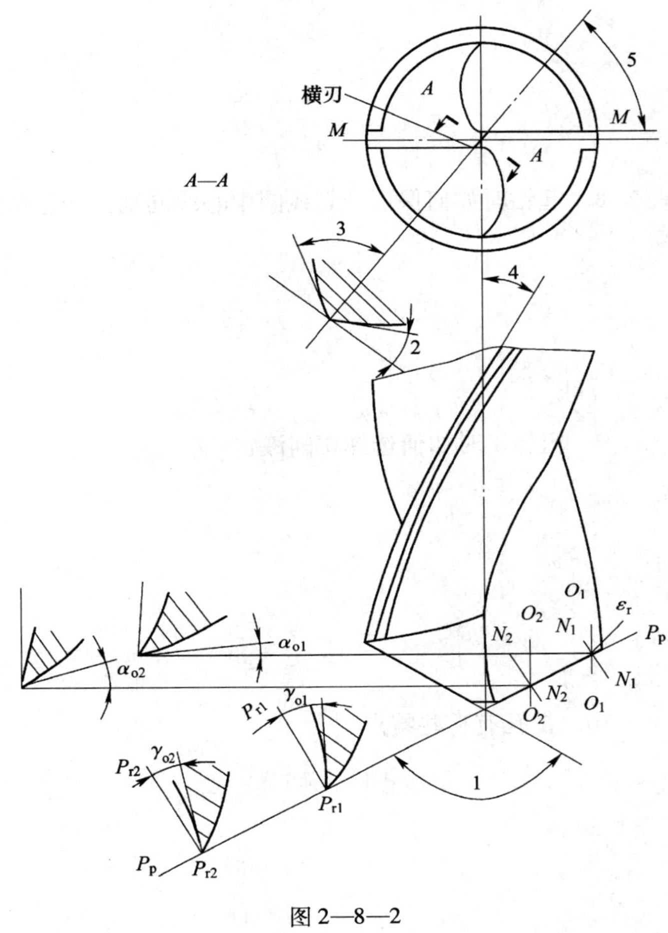

图 2—8—2

6．标准麻花钻有哪些缺点？

7. 叙述修磨麻花钻主切削刃及横刃的方法。

8. 起钻时如何保证与划线圆中心线同轴？如起钻发生了偏移应如何借正？

9. 粗加工时如何选择切削液？

10. 扩孔有哪些特点？

11. 铰削余量为什么不能太大或太小？

12. 钻孔时孔径尺寸大于规定尺寸的主要原因是什么？

13．钻孔时造成孔歪斜的主要原因有哪些？

14．叙述铰孔时表面粗糙度达不到要求的主要原因。

五、计算题

1．在钻床上用 ϕ20 mm 的麻花钻钻孔，若主轴转数为 500 r/min，求背吃刀量和切削速度。

2．用 ϕ40 mm 的麻花钻对 ϕ30 mm 的孔进行扩孔，根据需要，切削速度应为 10 m/min 比较合理。求扩孔时的背吃刀量和钻床的主轴转数。

3．在 60 mm 厚的钢板工件上，钻削 4 个 ϕ20 mm 的通孔，若选用的切削速度 $v=15$ m/min，进给量为 0.05 mm/r，求钻完该工件所需要的时间。

课题九　螺纹加工

一、填空题

1. 攻螺纹按其操作方法分为＿＿＿＿＿和＿＿＿＿＿两种。

2. 丝锥是加工＿＿＿＿＿的刀具，常用的丝锥有＿＿＿＿＿丝锥、＿＿＿＿＿丝锥、＿＿＿＿＿丝锥。

3. 丝锥由＿＿＿＿＿和工作部分组成，而工作部分又由＿＿＿＿＿和＿＿＿＿＿部分组成。

4. 通常 M6 ~ M24 丝锥每组有＿＿＿＿＿支；M6 以下及 M24 以上的丝锥每组有＿＿＿＿＿支；细牙螺纹丝锥每组有＿＿＿＿＿支。

5. 在一组等径丝锥中，各支丝锥的大径、＿＿＿＿＿、＿＿＿＿＿均相等，仅切削锥的＿＿＿＿＿及＿＿＿＿＿不等。

6. 柱形分配丝锥切削量分配合理，通常 3 支一组的丝锥按＿＿：＿＿：＿＿分担切削量；2 支一组的丝锥按＿＿：＿＿分担切削量。

7. 丝锥的规格参数主要包括螺纹的＿＿＿＿＿和＿＿＿＿＿。

8. 当丝锥切削部分磨损时，应适量修磨其＿＿＿＿＿面。

9. 当丝锥校准部分磨损时，应修磨其＿＿＿＿＿面。

10. 在铸铁工件上攻制 M24 螺纹，其底孔直径为＿＿＿＿＿ mm。

11. 攻盲孔螺纹时，钻孔深度的计算公式是＿＿＿＿＿。

12. 用成组丝锥攻制螺纹，必须以＿＿＿＿＿锥、＿＿＿＿＿锥、＿＿＿＿＿锥的顺序攻至标准尺寸。

13. 套制 M20 × 2 的螺纹，套螺纹前圆杆直径为＿＿＿＿＿ mm。

二、判断题

1. 丝锥的校准部分没有完整的牙型，可以用来修光和校准已切出的螺纹。（　　）

2. 不等径丝锥的切削量分配比较合理，切削省力，各支丝锥磨损量差别小，寿命长，攻制的螺纹表面粗糙度值小。（　　）

3. 切削量采用锥形分配的丝锥，如果头锥在工作过程中折断，则可将二锥或三锥的切削部分磨得长一些，以代替头锥使用。（　　）

4. 柱形分配丝锥具有相等的切削量，故切削省力。（　　）

5. 攻塑性材料工件的螺纹必须加注切削液，而攻脆性材料工件的螺纹可不加切削液。（　　）

6. 圆板牙由切削锥、校准部分和容屑孔组成，一端有切削锥。（　　）

7. 攻螺纹应在工件的孔口倒角，套螺纹应在工件的端部倒角。（　　）

8. 攻螺纹时工件底径太大，或套螺纹时圆杆杆径太小，均会造成牙型不完整。（　　）

三、选择题

1．攻螺纹前的底孔直径应（　　）螺纹小径。

A．稍大于　　B．稍小于　　C．等于

2．攻螺纹前在孔口倒角，倒角直径应（　　）螺纹公称直径，以方便丝锥顺利切入，并可防止孔口挤出毛刺。

A．等于　　B．稍小于　　C．稍大于

3．攻盲孔螺纹时，由于丝锥的切削锥部分不能攻出完整的螺纹牙型，所以钻孔深度要（　　）螺纹的有效长度。

A．等于　　B．大于　　C．小于

4．套螺纹时，由于圆板牙切削锥对材料不但有切削作用，还有挤压作用，其牙顶将被挤高，所以圆杆直径应（　　）螺纹公称尺寸。

A．等于　　B．大于　　C．小于

四、简答题

1．为什么攻螺纹时底孔直径要略大于螺纹小径？

2．起攻螺纹时应注意哪些要点？

3．攻不通孔螺纹应注意什么？

4．攻螺纹或套螺纹时发生螺纹乱牙的主要原因是什么？

5．攻螺纹或套螺纹时，螺纹歪斜的主要原因是什么？

五、计算题

1．计算攻下列螺纹的底孔直径（精确到小数点后两位）。

（1）钢件螺纹：M16、M24、M30×1.5

（2）铸铁件螺纹：M16、M24、M30×1.5

2．计算套下列螺纹时的圆杆直径。

M16、M24、M30×1.5

3．分别在钢件和铸铁件上攻制 M12 的内螺纹，若螺纹的有效长度为 35 mm，求攻螺纹前钻底孔钻头的直径及钻孔深度。若 $n=400$ r/min，$f=0.5$ mm/r，求钻孔切削时间（钻头顶角为 120°，只计算钢件）。

课题十　矫正与弯形

一、填空题

1. 消除金属材料或制件的__________、__________、__________等缺陷的加工方法称为矫正。

2. 常用的手工矫正方法有__________法、__________法、__________法和__________法等。

3. 由于弯形是使材料产生塑性变形，所以只有__________材料才能进行弯形。

4. 材料弯曲变形的过程中，内表面受压__________，外表面受拉__________，在内、外表面之间必然存在弯曲时既不伸长也不缩短的一层，该层称为__________。

5. 按弯形时的坯料温度，弯形方法分为__________和__________，料厚大于__________ mm 及直径较大的棒料和管材应采用__________。

6. 对于有焊缝的管子，在弯形时，焊缝必须放在__________位置，否则管子会__________。

二、判断题

1. 经矫正后的金属材料，其硬度会提高而性质会变脆。（　　）

2. 薄板四周呈波纹状，锤点应从外向内、由密到稀、由重到轻使板料达到平整。（　　）

3. 延伸法是用来矫正各种细长线材的矫正方法。（　　）

4. 矫直轴类零件的方法是：使凸部受压缩短而凹部受拉伸长。（　　）

5. 同一种材料弯形半径越大，其变形就越大，中性层的位置也就越靠近材料厚度的几何中心。（　　）

6. 如果弯曲半径不变，材料厚度越小，表面变形越小。（　　）

7. 材料弯形时，中性层的长度保持不变，但中性层的实际位置并不在材料的几何中心。（　　）

8. 成批生产弯形制件时，一定要按照理论计算的方法确定坯料长度，以免造成工件成批报废。（　　）

9. 在板料宽度的方向上弯形时，应在弯形的外弯部分进行锤击，使材料朝一个方向逐渐延伸。（　　）

10. 手工弯制 ϕ10 mm 以上的管子时，为防止弯瘪，应在管内注满干砂。（　　）

11. 为抵抗材料的弹性变形，弯形时间应短一些。（　　）

三、选择题

1. 矫正后的金属材料硬度（　　），塑性降低，此现象称作冷作硬化。

A. 降低　　B. 提高　　C. 不变

2. 因为矫正（冷矫）能使工件产生冷作硬化现象，所以只适用于（　　）的材料。

A. 塑性好、变形不严重　　B. 塑性好、变形严重　　C. 刚性好、变形严重

3. 矫正一般金属材料时，通常使用（　　）。

A. 软锤子　　B. 铜锤子　　C. 钳工锤子

4. 采用锤击、弯曲、延展和伸长等方法进行的矫正叫（　　）。

A. 机械矫正　　B. 手工矫正　　C. 高频矫正

5. 如果薄钢板发生对角翘曲时，应沿着（　　）的对角线锤击使其延展而矫平。

A. 翘曲　　B. 没有翘曲　　C. 两条

6. 扭转矫正法主要用来矫正（　　）的扭曲变形。

A. 厚板料　　B. 棒料　　C. 条料

7. 对于相同材料，弯形半径越小，其（　　）。

A. 变形越小　　B. 变形越大　　C. 变形一样

四、简答题

1. 有一块薄钢板发生了中间凸起的变形，写出锤击法矫正的过程。

2. 有一块薄钢板边缘呈波浪纹而中间平整，写出锤击法矫正的过程。

3. 电工在安装室内电线时，发现有一盘电源线弯曲变形严重，写出将电线矫直的方法。

五、计算题

1. 计算图 2—10—1 所示工件的展开长度。

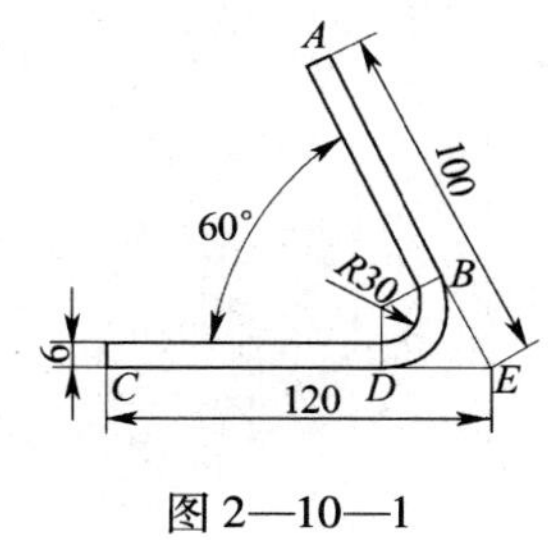

图 2—10—1

2. 计算图 2—10—2 所示管子的展开长度。

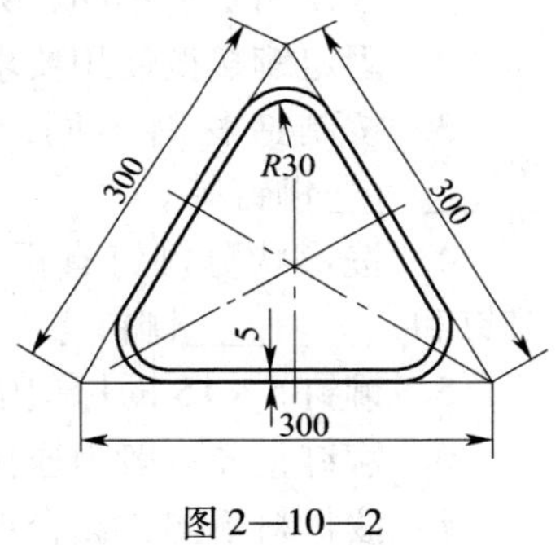

图 2—10—2

3. 计算图 2—10—3 所示工件的展开长度。

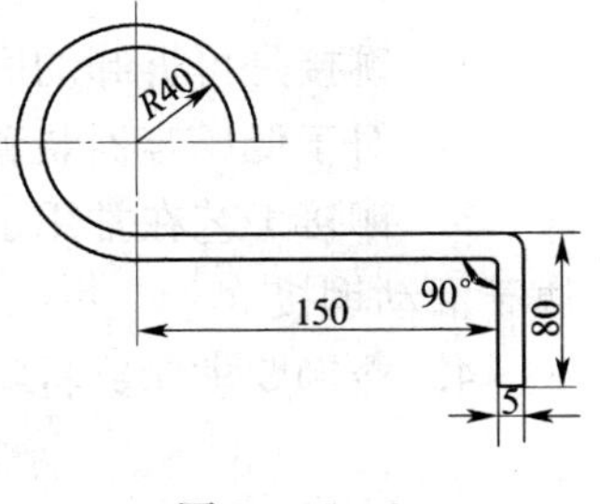

图 2—10—3

4. 计算图 2—10—4 所示工件的展开长度。

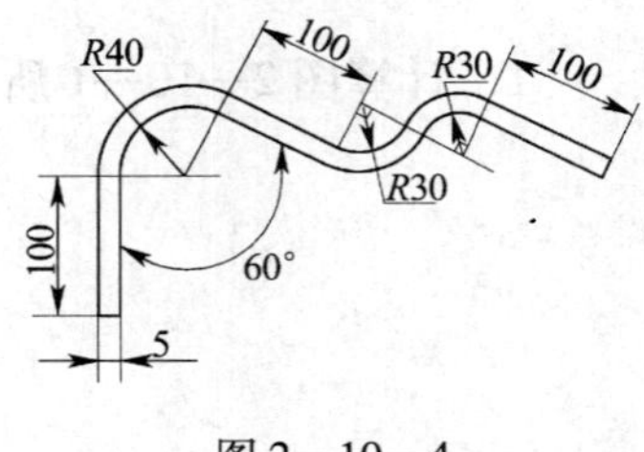

图 2—10—4

课题十一　连　　接

一、填空题

1. 按使用要求不同，铆接可分为__________铆接和__________铆接两种。

2. 固定铆接按使用要求可分为__________铆接、__________铆接、__________铆接。

3. 按制造材料不同，铆钉分__________铆钉、__________铆钉、__________铆钉、__________铆钉等。

4. 按形状分铆钉有平头、__________、__________、__________、__________、皮带铆钉和__________铆钉等。

5. 铆钉 5×15 的标记中，5 表示__________，15 表示__________。

6. 铆钉直径一般为连接板最小厚度的__________倍。

7. 按材料不同，黏合剂分为__________黏合剂和__________黏合剂两大类。

8. 锡焊常用的工具有__________、__________和__________等。

9. 烙铁焊头是用__________制成的，其端部呈__________形，可用火炉或喷灯加热。

10. 焊锡用的材料叫__________，是一种__________合金，熔点一般在__________℃。

二、判断题

1. 铆接是可拆卸的固定连接。 (　　)

2. 对于低压容器装置的铆接，应用强固铆接。 (　　)

3. 铆接工艺在常用工具中应用广泛，如剪刀、钢丝钳、划规、卡钳等各部分的连接都属于活动铆接。 (　　)

4. 冷铆要求铆钉材料有较好的塑性，一般直径小于 8 mm 的钢制铆钉均可采用冷铆。 (　　)

5. 半圆沉头铆钉主要用于有防滑要求的部位。 (　　)

6. 罩模是对铆合头进行修整的专用工具。 (　　)

7. 当被连接板材厚度不同，搭接连接时，铆钉杆径等于最小板厚的 1.8 倍。 (　　)

8. 无机黏合剂强度低、脆性大、操作方便、成本低、适用范围小。 (　　)

9. 环氧树脂被广泛应用的主要原因是其耐热性好，粘接能力强。 (　　)

10. 日常生活中常用的501胶、502胶，因固化速度快所以不适于大面积粘接。（　　）

三、选择题

1. 活动铆接的结合部位是（　　）的。
   A. 转动或移动　　B. 固定不动　　C. 互相转动
2. 直径在 $\phi 8$ mm以上的钢制铆钉，在铆接时常用（　　）铆。
   A. 热　　B. 冷　　C. 混合
3. 沉头铆钉铆合头所需长度应为圆整后铆钉杆径的（　　）倍。
   A. 0.8～1.2　　B. 1.25～1.5　　C. 1.5～1.8
4. 环氧黏合剂属于（　　）黏合剂。
   A. 无机　　B. 有机　　C. 高分子
5. 使用无机黏合剂时，选用的接头形式应尽量使用（　　）。
   A. 对接　　B. 搭接　　C. 套接
6. 无机黏合剂的主要缺点是（　　）。
   A. 强度高、脆性大　　B. 强度低、脆性大　　C. 强度好、脆性小
7. 粘接结合处的表面应（　　）。
   A. 粗糙些　　B. 光洁些　　C. 平整光滑
8. 用烙铁焊接时，待烙铁加热到（　　）℃后，应先在氯化锌溶液里浸一下再蘸焊锡。
   A. 250～550　　B. 650～723　　C. 750～850

四、简答题

1. 有机黏合剂常由哪些材料配制而成？

2. 环氧树脂的优缺点各是什么？

3. 什么是锡焊？锡焊的优点是什么？适用于什么样的场合？

4. 什么是焊剂？锡焊用的焊剂有哪几种？各适用于什么场合？

5. 简述锡焊的工艺步骤。

五、计算题

1. 用半圆头铆钉搭接连接厚度为 8 mm 和 2 mm 的两块钢板，选择铆钉直径和长度。

2. 现有两块厚度为 4 mm 的平钢板工件，需用 3 个半圆头铆钉铆接，叙述铆接的全过程（要求：先计算出铆钉的直径、长度，再叙述铆接步骤）。

课题十二　综合技能训练（二）

1．角度样板制作

制定如图 2—12—1 所示角度样板的加工工艺步骤。

材料：70 mm × 85 mm × 3 mm，45 钢。

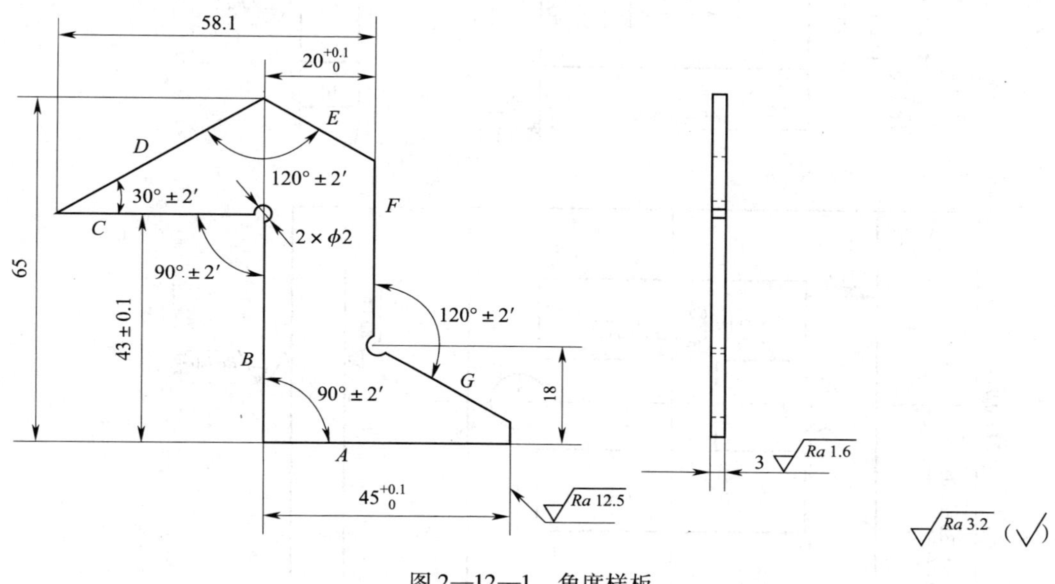

图 2—12—1　角度样板

2．工字镶配件制作

制定如图 2—12—2 所示工字镶配件的加工工艺步骤。

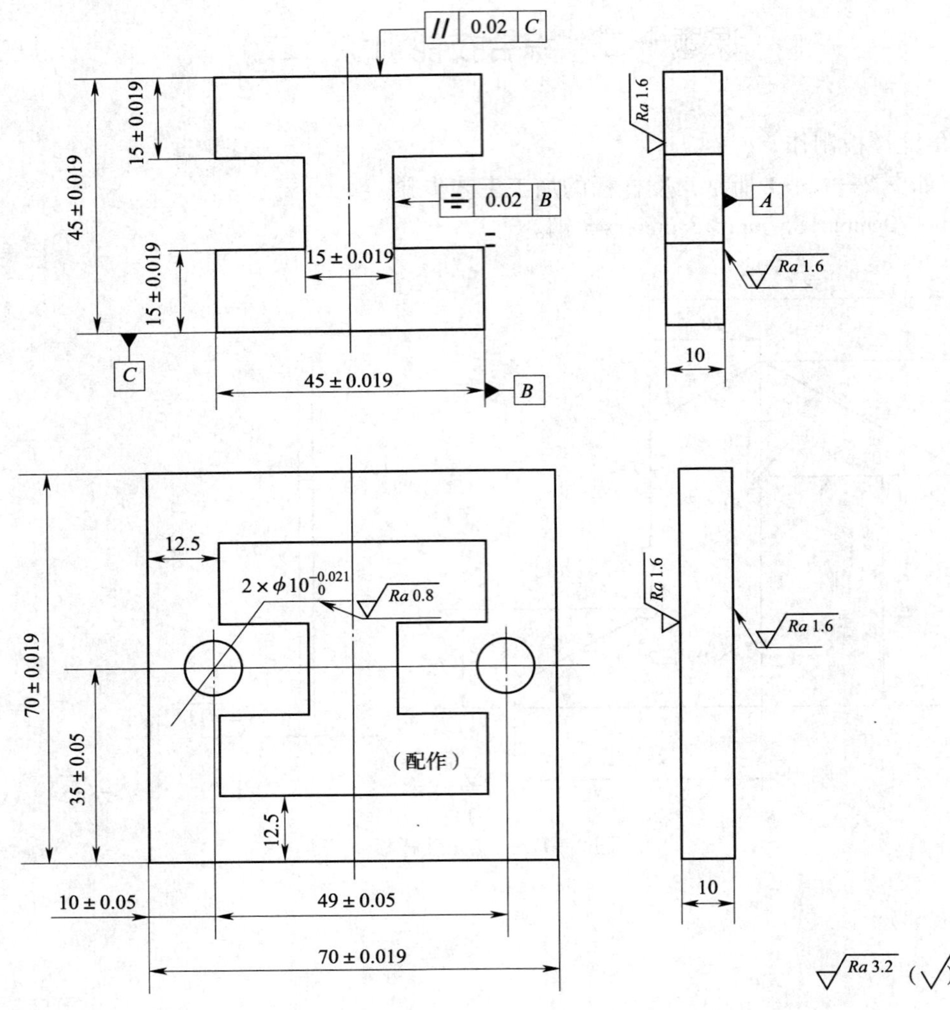

技术要求

1. 换向、换面的配合间隙不大于 0. 04 mm。
2. 四次配合的 *A* 面平面度公差为 0. 04 mm。

图 2—12—2　工字镶配件

3. 燕尾组合件制作

燕尾组合件如图 2—12—3 所示。

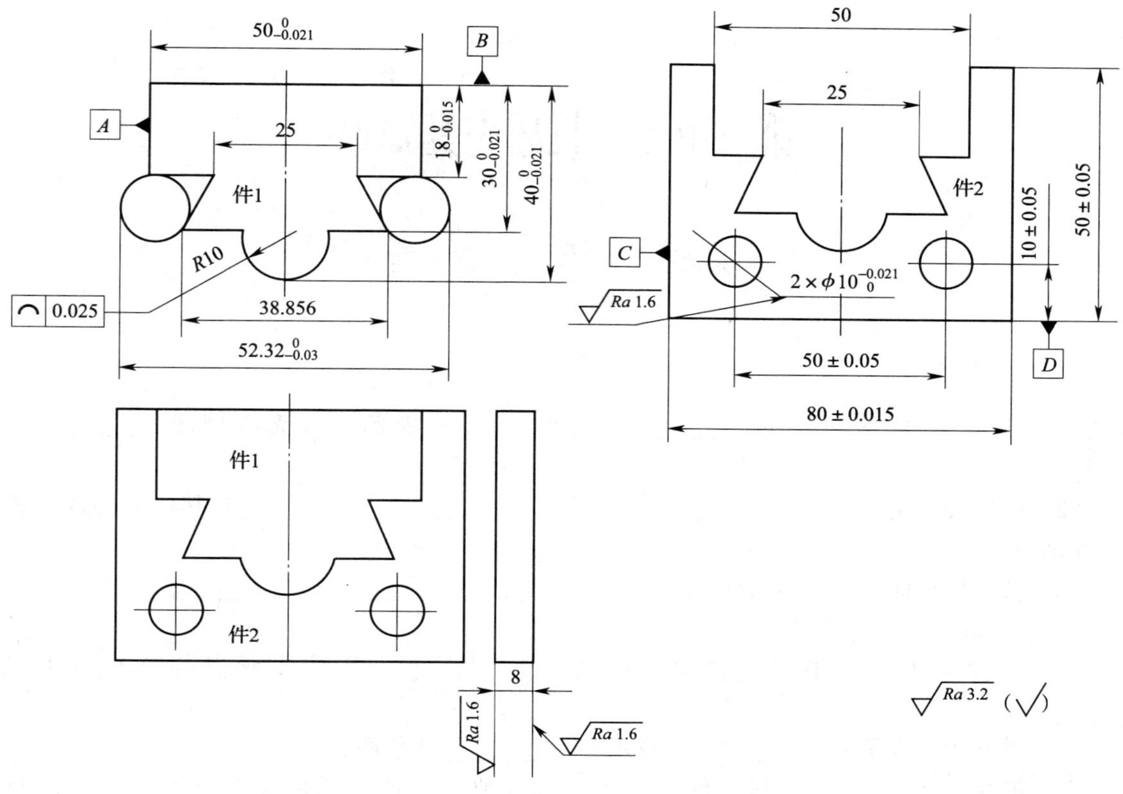

技术要求

1. 各加工面平面度误差不大于 0. 02 mm，且与基准面的平行度、垂直度误差均不大于 0. 02 mm。
2. 件 1、件 2 换面配合，配合间隙不大于 0. 04 mm。
3. 两检验棒直径均为 ϕ10 mm。

图 2—12—3　燕尾组合件

（1）制定该零件的加工工艺步骤。

（2）如何加工 R10 mm 圆弧？

第三单元　机床夹具知识

课题一　机 床 夹 具

一、填空题

1. 机床夹具作为一种__________工件的工艺装备，广泛应用于__________、__________、__________等工艺中。

2. 机床夹具由__________、__________、__________、__________和其他元件及装置等几部分组成。

3. 按夹具的通用特征，夹具可分为__________、__________、__________、__________、__________和__________等。

4. 工件加工时应限制的自由度取决于__________，定位支承点的分布取决于__________。

5. 夹具中的支承分为__________支承和__________支承两类。

6. 基本支承是用来限制工件自由度，具有独立定位作用的定位支承，常用的有__________、__________、__________支承和__________支承等。

7. 工件以平面定位时，常选的定位元件有__________、__________、__________、__________和辅助支承等。

8. 工件以外圆柱面定位时，常用的定位元件有__________、__________。

9. 工件以圆柱孔定位时，常用的定位元件有__________、__________和__________。

10. 图 3—1—1 给出了多种定位方式，写出各定位方式限制的自由度。

图 a 限制了____________________。

图 b 限制了____________________。

图 c 限制了____________________。

图 d 限制了____________________。

图 e 限制了____________________。

图 f 限制了____________________。

图 g 限制了____________________。

图 h 限制了____________________。

11. 夹紧力包括夹紧力的__________、__________和__________三要素。

12. 常用的夹紧装置有__________夹紧装置、__________夹紧装置、__________夹紧装置、__________夹紧装置。

13. 螺旋夹紧装置有__________夹紧和__________夹紧。

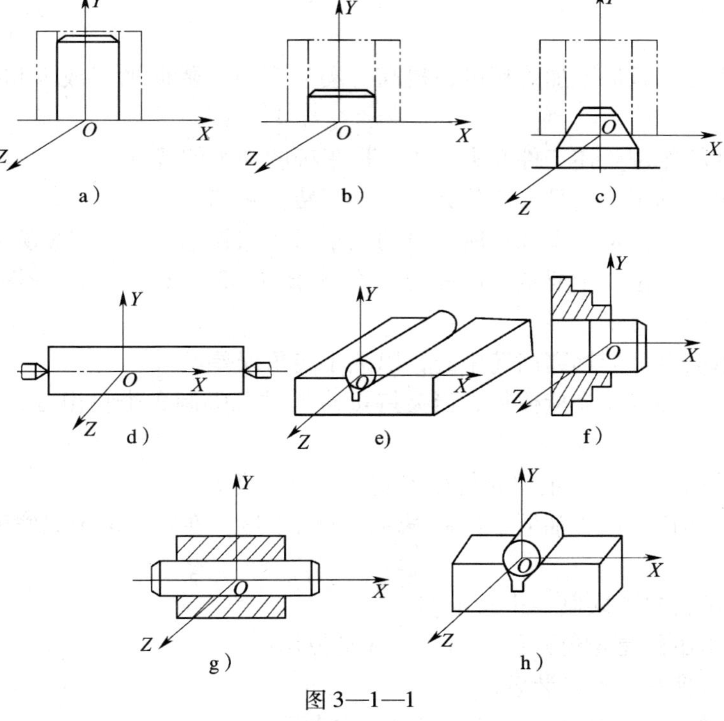

图 3—1—1

14. 图 3—1—2 中，每个工件有两个或三个夹紧力，指出作用方向错误的夹紧力。

图 a ________。

图 b ________。

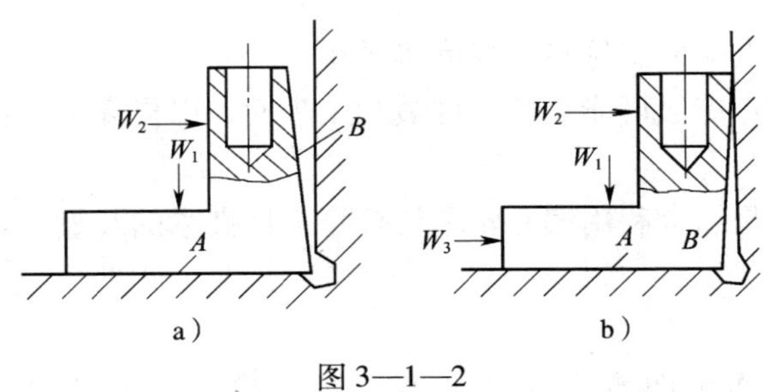

图 3—1—2

15. 在图 3—1—3 中指出作用点错误的夹紧力。

图 a ________。

图 b ________。

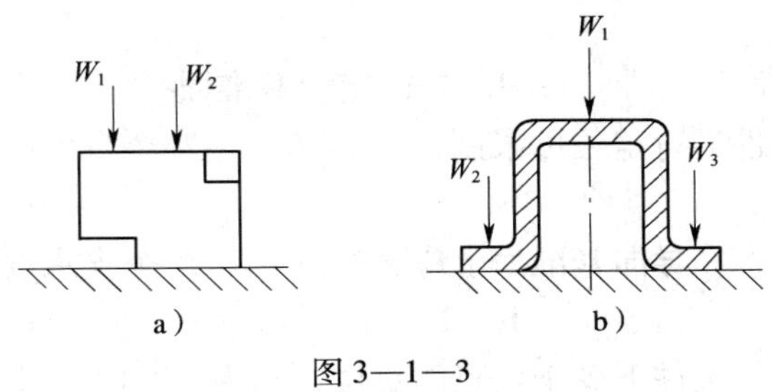

图 3—1—3

二、判断题

1. 使用机床夹具可保证加工精度，提高劳动生产率，降低加工成本和扩大机床加工范围。（　）

2. 定位元件的作用是使工件在夹具中占据正确的加工位置。（　）

3. 一般机床夹具至少要具有定位元件和夹紧装置两部分。（　）

4. 平面定位时 3 个定位支承点所组成的三角形面积越小，工件安放越平稳。（　）

5. 长方体工件定位，主要定位面需要 3 个支承点，3 个点分布在一条直线上定位效果最好。（　）

6. 防转支承应尽可能远离回转中心，以减小转角误差。（　）

7. 用三爪自定心卡盘夹持棒料，当夹持短棒料时可限制 3 个自由度，夹持长棒料时可限制 4 个自由度。（　）

8. 夹具中采用长 V 形架定位元件可限制 5 个自由度。（　）

9. 套类工件在长圆柱心轴上定位能限制 4 个自由度，在短心轴上只能限制 2 个自由度。（　）

10. 一个支承钉只能限制一个自由度。（　）

11. 辅助支承虽然是定位元件，但它不起定位作用。（　）

12. 夹具就是夹紧工件的装置。（　）

13. 限制工件自由度数少于六点的定位，称为不完全定位。（　）

14. 过定位一般是不允许的，而欠定位是绝对不允许的。（　）

15. 为了减少工件在切削力下引起振动，夹紧力的作用方向应尽量与切削力、工件重力方向一致。（　）

16. 夹紧力的作用点应使工件夹紧变形尽量小。（　）

17. 夹紧力的作用点应尽可能靠近工件被加工表面，以提高定位稳定性和夹紧可靠性。（　）

18. 偏心夹紧装置是综合利用偏心轮和杠杆将工件夹紧的装置。（　）

三、选择题

1. 如果在一个平面上布置 3 个支承点，则 3 个支承点连成一个三角形的面积应（　）。

A. 尽量大　　B. 尽量小　　C. 可大可小

2. 工件在夹具中定位时，被夹具的 3 个支承点限制 3 个自由度的这个面，称为（　）。

A. 主要定位基准面　　B. 导向定位基准面　　C. 止推定位基准面

3. 用一个平面对工件进行定位可限制工件的（　）个自由度。

A. 2　　B. 3　　C. 4

4. 长方体工件定位，在导向基准面上应分有（　）个支承点。

A. 1　　B. 2　　C. 3

5. 在满足加工要求的条件下少于六点的定位，称为（　）定位。

A. 欠　　B. 重复　　C. 不完全

6. 工件在定位时，少于应该限制的自由度数目，称为（　　）定位。

A. 欠　　B. 重复　　C. 不完全

7. 利用已加工表面且面积较大的平面定位时，应选择的定位元件是（　　）。

A. 支承钉　　B. 支承板　　C. 辅助支承

8.（　　）主要用于工件刚度较差，而且定位基准面的形状和位置误差较大的场合。

A. 支承钉　　B. 可调支承　　C. 自位支承

9. 外圆柱工件采用长定位套定位时，可限制（　　）自由度。

A. 2 个移动　　B. 2 个转动　　C. 2 个移动和 2 个转动

四、名词解释

1. 六点定位规则

2. 完全定位

3. 不完全定位

五、简答题

1. 机床夹具在机械加工中起什么作用？

2. 什么叫欠定位？欠定位对加工有何影响？

3．什么叫过定位？过定位对加工有何影响？如何正确处理过定位？

4．运用六点定位规则，说明图 3—1—4 中各工件定位时，应限制哪几个自由度？

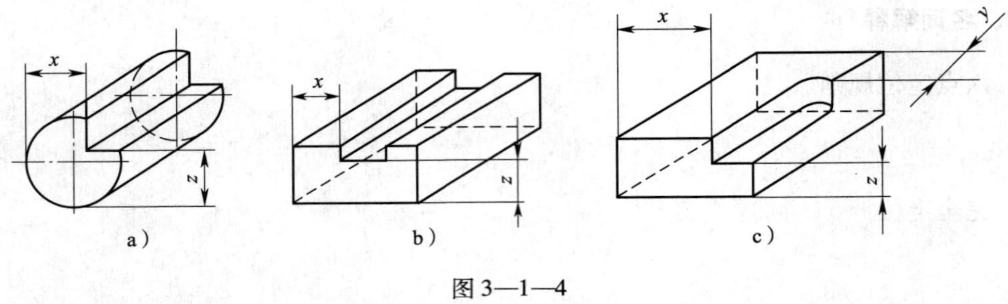

图 3—1—4

5．对机床夹具中的夹紧装置有哪些要求？

6．如何选择夹紧力的作用点？

课题二　钻 床 夹 具

一、填空题

1. 常用的钻床夹具有__________、__________、__________、__________和__________等类型。

2. 按结构和使用情况，钻套可分为__________钻套、__________钻套、__________钻套和特殊钻套四种类型。

二、判断题

1. 使用钻床夹具可保证加工精度，提高劳动生产率，扩大机床的加工范围。（　　）
2. 钻套不能增加钻削时钻头的稳定性，但可以提高加工精度。（　　）

三、选择题

1. 固定钻套采用（　　）配合压装在钻模板孔内。

A. H7/n6　　B. F7/m6　　C. F7/k6

2. 盖板式钻床夹具的夹紧装置（　　）。

A. 在加工件上　　B. 在钻模板上　　C. 没有夹紧装置

四、简答题

1. 常用钻床夹具有哪几种类型？各适用于什么情况下的加工？

2. 简述快换钻套的作用及特点。

课题三 组合夹具

一、填空题

1. 组合夹具是由可反复使用的标准夹具零、部件（或专用零、部件）组装成易于__________和__________的夹具。

2. 组合夹具主要由__________件、__________件、__________件、__________件、__________件、__________件、辅助件和组合件八类元件组成。

3. 定位件主要用于确定元件与元件、元件与工件之间的相互位置，以保证夹具的__________和工件的__________，同时增强元件之间的连接强度和整个夹具的__________。

4. 组合夹具的组装就是把组夹具的__________和__________，按一定的步骤和要求组装成加工所需的夹具的过程。

二、判断题

1. 采用组合夹具，工件加工精度一般可达 IT8 级。（　　）
2. 紧固件包括各种螺栓、螺钉、螺母和垫圈等。（　　）
3. 压紧件的作用是将工件压紧在夹具上。（　　）

三、选择题

1. 下列不属于组合夹具特点的是（　　）。
   A. 提高生产率　　B. 大大节省了人力和物力　　C. 制造成本低
2. 下列不属于定位件的是（　　）。
   A. 定位销　　B. 定位盘　　C. 螺钉

四、简答题

1. 组合夹具的特点是什么？

2. 简述组合夹具的组装步骤。

第四单元　装配工艺与技能训练

课题一　装配工艺概述

一、填空题

1. 按规定的技术要求，将____________或____________进行配合和连接，使之成为__________或成品的工艺过程称为装配。

2. 可以独立进行装配的部件称为__________。

3. 产品的装配工艺过程包括__________、__________、__________及__________四个阶段。

4. 装配工艺过程中的调整是指调节零件或机构的__________、__________、__________等。

5. 装配工作的组织形式一般分为__________装配和__________装配两种。

6. 固定式装配主要应用于__________生产或__________生产中。

7. 装配单元系统图表明了产品零、部件间的__________关系及__________，可以用来__________和__________装配工艺过程。

8. 装配工作一般由若干个______________组成，一个装配工序可以包括一个或几个__________。

二、判断题

1. 部件装配和总装配都是从基准零件开始的。（　　）

2. 精度检验是指几何精度和工作精度的检验。（　　）

3. 移动式装配的装配质量好，生产效率高。（　　）

4. 一个装配工步可以包括一个或几个装配工序。（　　）

5. 流水装配法主要应用于单件生产和小批量生产。（　　）

6. 装配工作的好坏，对产品的质量可能有一定影响。（　　）

7. 试车主要检验机器运转的灵活性、振动、工作温升、噪声、转速、功率等性能是否符合要求。（　　）

8. 一个工人或一组工人，在不更换设备或地点的情况下完成的装配工作，叫装配工步。（　　）

9. 装配顺序是按先上后下、先外后内、先易后难、先一般后精密、先轻小后重大的规律进行的。（　　）

三、选择题

1. 直接进入组件装配的部件称为（　　）。

   A. 零件　　B. 分组件　　C. 装配单元

2. 将零件和（　　）装配成最终产品的过程，成为总装配。

   A. 零件　　B. 组件　　C. 部件

四、名词解释

1. 部件装配

2. 总装配

3. 固定式装配

4. 移动式装配

5. 装配工序

6. 装配工步

五、简答题

1. 装配前的准备工作包括哪些内容？

2. 简述装配单元系统图的绘制方法。

3. 简述装配顺序的一般原则。

课题二　装配前的准备工作

一、填空题

1. 零件的清洗方法有__________、__________、__________和超声波清洗。
2. 清洗零件时常用的清洗液有__________、__________、__________和__________等。
3. 旋转零、部件的不平衡形式有__________和__________两种。
4. 密封性试验有__________法和__________法两种。

二、判断题

1. 清洗橡胶制品，如密封圈等，既可使用酒精或化学清洗剂清洗，也可使用汽油清洗。（　　）
2. 将待清洗的零件放入油槽内浸泡后，捞出后将油沥干就可装配。（　　）
3. 将所有待装配的零、部件按零、部件图号进行清点和放置，等待装配。（　　）
4. 旋转件的长径比无论大或小，只需进行静平衡即可正常工作。（　　）
5. 装配有特殊要求的零件时应进行平衡或压力试验。（　　）

三、选择题

1. 箱体零件清理后，内壁的不加工表面要涂上（　　）。
   A. 机油　　B. 沥青　　C. 浅色油漆
2. 对于承受工作压力较小的零件，可采用（　　）进行密封性试验。
   A. 气压法　　B. 液压法　　C. 经验法
3. （　　）密封性试验适用于承受工作压力较高的零件。
   A. 气压法　　B. 液压法　　C. 经验法
4. 零、部件在径向位置上有偏重时，其偏重总是停留在（　　）方向的最低位置。
   A. 水平　　B. 铅垂　　C. 任意

四、简答题

1. 简述装配前零件清理的内容。

2. 静不平衡与动不平衡有何不同？

3. 简述静平衡试验的步骤。

课题三　装配尺寸链与装配方法

一、填空题

1. 构成尺寸链的每一个尺寸都称为__________，每个尺寸链至少应有__________个环。

2. 尺寸链中除__________环以外的其余尺寸称为组成环。

3. 组成装配尺寸链最少有__________个组成环，__________封闭环。

4. 封闭环公称尺寸等于所有__________公称尺寸之和减去所有__________公称尺寸之和。

5. 当所有增环都为上极限尺寸，而所有减环都为下极限尺寸时，封闭环即为________极限尺寸。

6. 当所有增环都为下极限尺寸，而所有减环都为上极限尺寸时，封闭环即为________极限尺寸。

7. 各组成环公差之和即为__________公差。

8. 为了处理装配精度与零件制造精度的关系，常用的装配方法有__________装配法、__________装配法、__________装配法和__________装配法。

9. 互换装配法适用于组成环数__________，装配精度要求__________的场合或__________生产中。

10. 装配时，修去指定零件上的预留__________，以达到装配精度的装配方法，称为__________装配法。

11. 调整装配法主要有__________和__________两种。

二、判断题

1. 绘制尺寸链简图时，不必绘出装配部分的具体结构，但必须严格按照比例画出代表尺寸的线段长度。（　　）

2. 在装配尺寸链中，封闭环即为装配的技术要求。（　　）

3. 在采用互换装配法进行装配过程中，零件精度对装配精度有直接影响。（　　）

4. 使用互换装配法可使装配操作简便、生产效率高，零件磨损后更换方便。（　　）

5. 分组装配法的装配精度完全取决于零件的加工精度。（　　）

三、选择题

1. 在零件加工或机器装配过程中，最后自然形成（或间接获得）的尺寸，称为（　　）。
A. 封闭环　　B. 增环　　C. 减环

2. 在其他组成环不变的条件下，当某组成环增大时，封闭环随之增大，那么该组成环称为（　　）。
A. 增环　　B. 减环　　C. 协调环

3. 装配精度完全依赖于零件加工精度的装配方法是（　　）。
A. 互换装配法　　B. 修配装配法　　C. 调整装配法

4. 装配时，用可换垫片、垫圈、套筒等控制调整零件的尺寸，以消除零件间的积累误差或配合间隙的方法是（　　）。
A. 分组装配法　　B. 修配装配法　　C. 调整装配法

5. 根据装配精度（即封闭环公差）对装配尺寸链进行分析，并合理分配各组成环公差的过程，叫（　　）。
A. 装配方法　　B. 解尺寸链　　C. 检验法

四、名词解释

1. 装配尺寸链

2. 封闭环

五、简答题

1. 常用的装配方法有哪几种？分别适用于什么场合？

2. 简述增环、减环的判断方法。

六、计算题

1. 有一尺寸链，各环基本尺寸及极限偏差如图 4—3—1 所示，计算装配后封闭环 A_Δ 的极限尺寸。

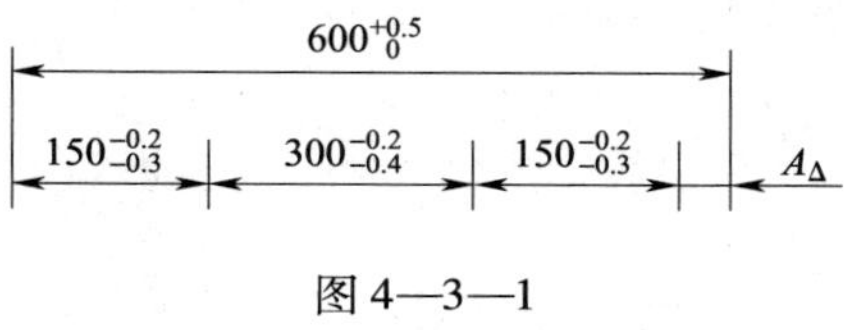

图 4—3—1

2. 已知某工件轴向尺寸如图 4—3—2 所示，计算 *A*、*B* 两面之间的距离。

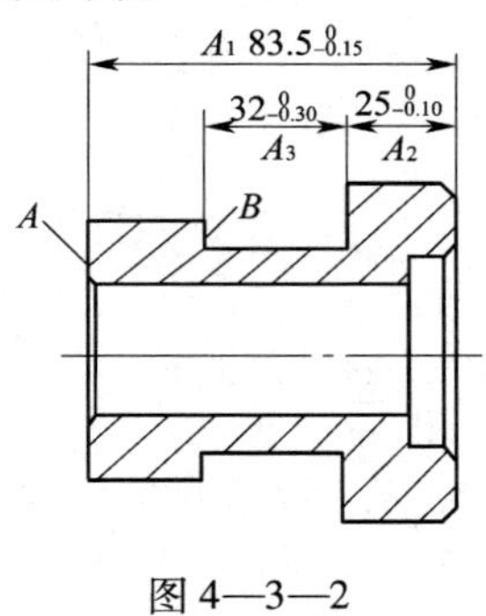

图 4—3—2

3. 加工如图 4—3—3 所示的零件，现仅有外径千分尺供选用，求 A、B 间应控制的极限尺寸。

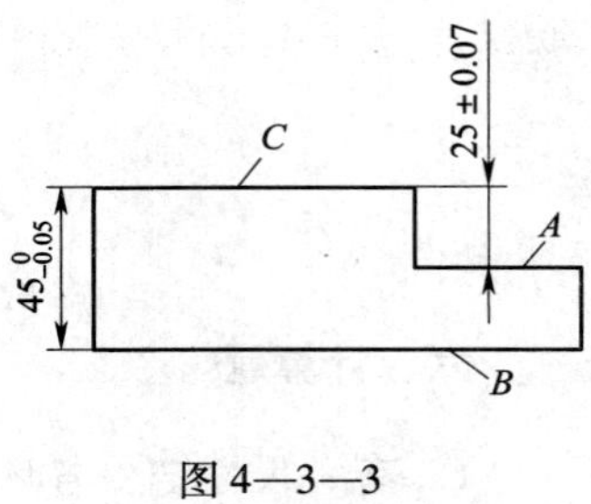

图 4—3—3

4. 如图 4—3—4 所示套筒，加工时因测量尺寸 $15_{-0.35}^{\ 0}$ mm 有困难，故采用游标深度卡尺直接测量大孔的深度来间接保证此尺寸，画出其工艺尺寸链图，并计算大孔深度工序尺寸及偏差。

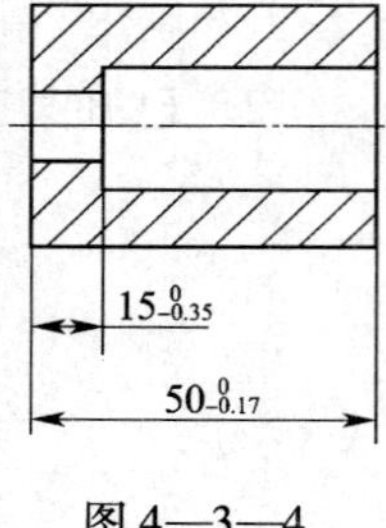

图 4—3—4

5．如图 4—3—5 所示箱体，若以 M 面为基准镗削孔，加工后可直接得到设计尺寸 A_0。但在实际生产中，为提高夹具的刚性，常采用以 N 面为定位基准，加工后直接得到尺寸 A_2，而设计尺寸 A_0是间接获得的，画出其工艺尺寸链图，并求出 A_2的极限尺寸。

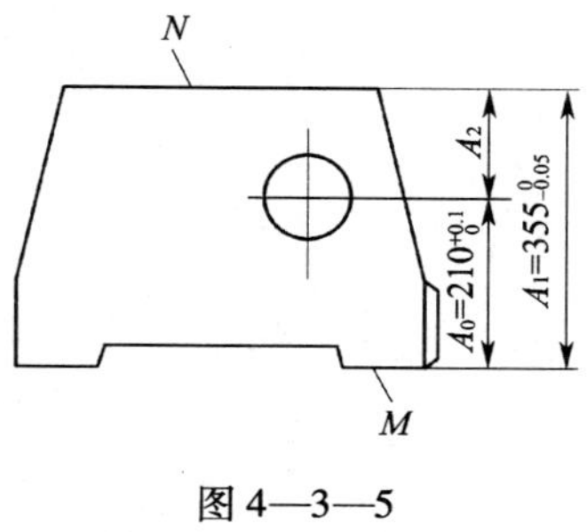

图 4—3—5

6．如图 4—3—6 所示，在工件上镗削三个孔，分别求出孔 1 与孔 2、孔 1 与孔 3 的中心距。

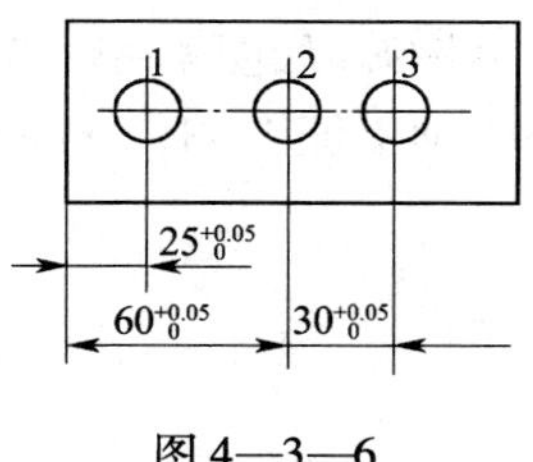

图 4—3—6

7. 用互换法解图 4—3—7 所示尺寸链，确定各环的尺寸偏差。设 A_1 = 130 mm，A_2 =70 mm，A_3 =40 mm，A_0 =(20 ±0.1) mm，$\delta_2=\delta_3=0.5\delta_1$。

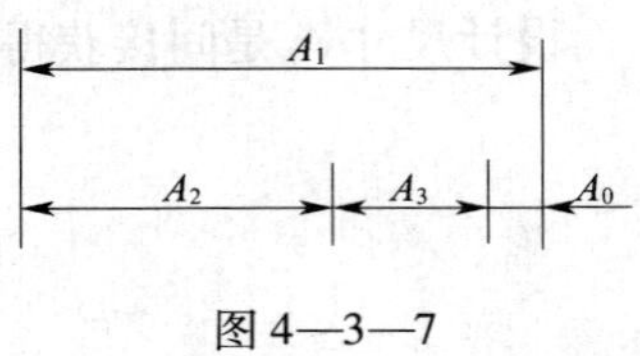

图 4—3—7

8. 有一批直径为 ϕ40 mm 的孔、轴配合件，装配要求可有 0.01 ~0.02 mm 的间隙，用分组选配法解此尺寸链（孔、轴经济公差均为 0.02 mm）。

9. 如图 4—3—8 所示为一齿轮箱体部分示意图，按设计要求，齿轮轴端面和轴套之间必须保证 1 ~1.5 mm 的间隙，验算图中所给尺寸的偏差能否满足设计要求。

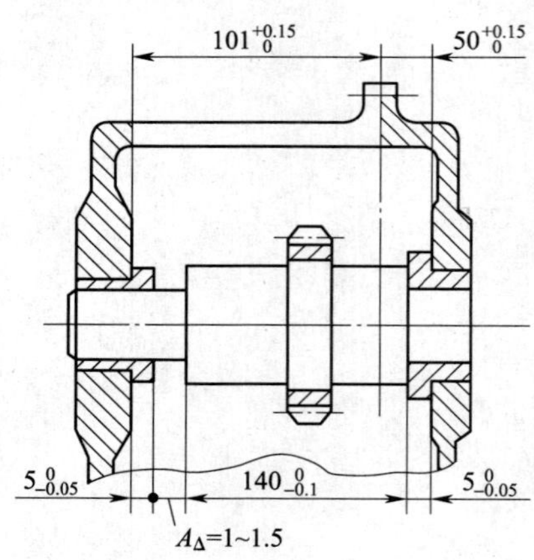

图 4—3—8

课题四　固定连接的装配

一、填空题

1. 固定连接一般分为__________连接和__________连接两大类。常见的固定连接有__________连接、__________连接、__________连接、__________连接、__________连接及__________、__________和__________等。

2. 螺纹连接是一种__________的固定连接。

3. 螺纹连接的常用装拆工具有__________和__________等。

4. 螺纹连接的主要类型有__________、__________、__________和紧定螺钉连接等。

5. 螺纹连接要求有可靠的防松装置时，主要用于有__________、__________或__________的场合。按工作原理不同，螺纹连接的防松方法有__________防松、__________防松和__________防松。

6. 拧紧双头螺柱的常用方法有__________、__________。

7. 键连接是将__________和轴上__________通过键在圆周方向固定，用以传递__________的一种装配方法。

8. 根据结构特点和用途不同，键连接可分为__________连接、__________连接和__________连接三大类。

9. 松键连接包括__________连接、__________连接、__________连接及滑键连接等。

10. 普通平键连接常用于__________、传递__________载荷、冲击及__________扭矩的场合。

11. 楔键有__________和__________两种，多用于__________要求不高，转速__________的场合。

12. 按工作方式不同，花键连接有__________连接和__________连接两种；按齿廓形状不同，花键可分为__________花键和__________花键两类。

13. 静花键连接装配时，内花键零件应在花键轴上固定，故有少量__________。过盈量较小时，可用__________轻轻敲入；过盈量较大时，应将套件加热至__________后再进行装配。

14. 销连接在机械中主要起__________、__________和__________作用。

15. 圆柱销一般靠__________固定在销孔中，用以__________和__________。

16. 圆锥销有__________的锥度，装拆比圆柱销方便，多次装拆对连接的紧固性及定位精度影响__________，可用来__________和__________。

17. 过盈连接是靠__________和__________配合后的过盈量达到紧固连接目的的一种连接方法。

18. 按过盈量大小不同，圆柱面过盈连接常用的装配方法有__________法、__________法和__________法等。

19. 圆锥面过盈连接是利用__________和__________在轴向上的相对位移，使径向产生过盈量而获得的过盈连接。

20. 管道连接分为＿＿＿＿＿和＿＿＿＿＿两种。

21. 管道连接常用的管子有＿＿＿＿＿、＿＿＿＿＿、＿＿＿＿＿和尼龙管等。

22. 为了加强密封性，使用螺纹管接头时，螺纹连接处需加＿＿＿＿＿；用连接盘连接时，需在结合面之间垫＿＿＿＿＿。

23. 高压胶管接头装配时，将胶管剥去一定长度的＿＿＿＿＿，剥离处倒＿＿＿＿＿角，然后接入外套内，再把接头芯拧入接头外套及胶管中。

二、判断题

1. 使用通用扳手时，为避免损坏扳手，应让其活动钳口承受主要作用力。（　）
2. 套筒扳手由一套尺寸相同的梅花套筒组成。（　）
3. 在受结构限制，其他扳手无法装拆或为了节省装拆时间时，应采用套筒扳手。（　）
4. 双头螺柱连接主要用于连接件较厚而又需经常装拆的场合。（　）
5. 开口销与带槽螺母防松，多用于静载荷和工作平稳处。（　）
6. 弹簧垫圈防松一般用于工作较平稳，不经常装拆的场合。（　）
7. 串联钢丝法防松，装配时应注意钢丝的穿绕方向。（　）
8. 用双螺母拧紧双头螺柱，是将两个螺母相互锁紧在双头螺柱上，再转动螺母将双头螺柱拧入螺孔。（　）
9. 拧紧成组螺母时，只要逐个拧紧即能满足使用要求。（　）
10. 为保证双头螺柱配合时的过盈量，在拧紧时严禁加注润滑油。（　）
11. 松键连接不如紧键连接对中性好。（　）
12. 松键连接中键的顶面与轮毂槽底部应留有 0.3～0.5 mm 的间隙。（　）
13. 紧键连接多用于同轴度要求不高、转速较低的场合。（　）
14. 紧键连接不仅有轴向固定的作用，还能传递单方向上的轴向力。（　）
15. 装配紧键时，要用涂色法检查键两侧面与轴槽或轮毂槽的接触情况。（　）
16. 普通楔键连接，键的上下两面是工作面，键侧与键槽间有一定间隙。（　）
17. 装配楔键时，不允许用涂色法检验键的接触情况。（　）
18. 花键连接适用于小载荷和同轴度要求较低的连接。（　）
19. 花键连接需要用大径、小径和键侧面三种定心方式。（　）
20. 圆柱销一般依靠微量过盈固定在孔中，用以定位和连接。（　）
21. 用圆柱销定位时，两工件上的定位孔应分别事先钻、铰合格。（　）
22. 圆柱销连接属过盈配合，多次拆装也不会影响定位精度和连接的紧固程度。（　）
23. 钻削圆锥销孔，按圆锥销大端直径尺寸选用钻头。（　）
24. 为保证定位精度和连接的紧固性，圆柱销可多次装拆，而圆锥销不宜多次装拆。（　）
25. 过盈连接一般属于可拆卸的连接。（　）
26. 过盈连接对配合面的精度要求高，加工、装拆都比较方便。（　）
27. 对细长件或薄壁件的过盈连接，装配时应垂直压入。（　）

28. 当配合件的尺寸及过盈量较小时，采用热胀法装配比较合理。（　）

29. 为避免过盈量的丧失使配合松动，圆柱面过盈连接一般不进行拆卸。（　）

30. 圆锥面过盈连接是利用轴毂之间产生相对径向位移来实现的。（　）

31. 当过盈量及配合尺寸较小时，一般采用在常温下的压入装配。（　）

32. 液压套合法装拆过盈连接，不仅需要很大轴向力，同时容易损伤配合表面。（　）

33. 管道连接时，在液压系统管道的最高处应装设排气装置。（　）

34. 切断管子时，断面应与轴线垂直；弯曲管子时，不要把管子弯瘪。（　）

35. 较长的管道各段要有支承，管道要用管夹固定，以防振动。（　）

36. 液压系统中管道在装配时不必进行二次拆装。（　）

37. 球形管接头装配，当压力较大时，接合球面应当研配，并进行涂色检查。（　）

三、选择题

1. 因工作空间狭小，不能容纳普通扳手时，可采用（　）。
   A. 套筒扳手　B. 整体扳手　C. 扭力扳手
2. 螺纹连接的机械防松方法包括（　）防松。
   A. 圆螺母与止动垫圈　B. 弹簧垫圈　C. 双螺母
3. 双头螺柱装配时，其轴心线应与机体表面（　）。
   A. 平行　B. 垂直　C. 倾斜
4. 拧紧矩形布置的成组螺钉或螺母的顺序是（　）扩展。
   A. 从左向右　B. 从右向左　C. 从中间向两边对称
5. 轴上零件轴向移动量较大时，则采用（　）连接。
   A. 半圆键　B. 导向平键　C. 滑键
6. 松键装入键槽后，键的顶面与轮毂键槽底部应有一定的（　）。
   A. 过盈　B. 间隙　C. 过盈或间隙
7. 松键连接能保证轴与轴上零件有较高的（　）。
   A. 同轴度　B. 垂直度　C. 平行度
8. 楔键连接中，键侧与键槽间有一定的（　）。
   A. 间隙　B. 过盈　C. 间隙或过盈
9. 对于钩头楔键，不应使钩头紧贴套件端面，必须留有一定距离，以便（　）。
   A. 装配　B. 拆卸　C. 测量
10. 动花键连接装配时，内花键零件应能在花键轴上（　）。
    A. 固定不动　B. 自由滑动　C. 自由转动
11. 圆锥销以（　）和长度表示其规格。
    A. 小端直径　B. 大端直径　C. 中间直径
12. 铰圆锥销孔时，用试装法控制孔径，孔径大小以锥销长度的（　）左右能自由插入为宜。
    A. 50%　B. 80%　C. 100%
13. 过盈连接装配时，装配过程应连续，速度要稳定，不宜太快，一般以（　）mm/s

为宜。

A. 2～4　　B. 3～5　　C. 4～6

14. 圆柱面过盈连接装配时，相配合的孔口和轴端应有（　　）的倒角，以便于装配。

A. 3°～5°　　B. 4°～6°　　C. 6°～8°

15. 用锤子加垫块采用敲击手段完成装配工作的方法，称为（　　）装配法。

A. 热胀　　B. 压入　　C. 冷缩

16. 过盈连接装配，当过盈量及配合尺寸较小，一般在常温下采用（　　）装配。

A. 压入法　　B. 热胀法　　C. 冷缩法

17. 热胀法是将（　　）加热。

A. 孔　　B. 轴　　C. 孔、轴同时

18. 冷缩法是将（　　）冷缩。

A. 孔　　B. 轴　　C. 孔、轴同时

19. 球形管接头装配用涂色法检查时，接触面宽应不小于（　　）mm。

A. 1　　B. 1.5　　C. 5

20. 橡胶、尼龙软管发生泄露，应（　　）。

A. 更换新管　　B. 修补再用　　C. 旋紧管接头

四、简答题

1. 叙述螺纹连接的装配技术要求。

2. 在什么情况下螺纹连接需要防松装置？常用的防松方法有哪几种？

3．叙述用两个螺母拧紧双头螺柱的方法、步骤。

4．螺母、螺钉的装配应注意那些要点？

5．在何种情况下需要使用键连接？键连接的主要特点是什么？

6．叙述松键连接的装配技术要求。

7．花键连接有哪两种形式？花键连接的特点是什么？

8．叙述圆锥销的装配工艺。

9．过盈连接的特点是什么？

10．叙述扩口薄壁管接头的装配工艺。

课题五　传动机构的装配

一、填空题

1. 带传动是依靠张紧在带轮上的带与带轮之间的__________或__________来传递运动和动力。

2. 带传动具有工作__________、噪声__________、结构__________、制造方便及能__________等优点，适用于两轴中心距__________的场合。

3. 根据工作原理不同，带传动可分为__________和__________两大类。

4. 摩擦带传动分为__________、__________、__________、圆形带传动。

5. 带轮安装要正确，其__________圆跳动量和__________圆跳动量应控制在规定范围内。

6. 一般带轮孔与轴为__________配合，有少量__________，具有较高的__________。

7. 带轮与轴装配后，要检查带轮的__________和__________。

8. 带传动是摩擦传动，适当的__________是保证带传动正常工作的重要因素。

9. 链传动是由两个__________和连接它们的__________所组成，通过__________和__________的啮合来传递__________和动力。

10. 链传动具有__________、__________、__________、对工况环境要求低等特点。

11. 按链的结构不同，链可分为__________链、__________链、__________链、__________链和其他结构链。

12. 链传动中，两链轮的轴线必须__________，否则会加剧链轮与链条的磨损。

13. 链轮圆跳动量可用__________或__________进行检查。

14. 链轮与轴的配合为__________配合，装配后应检查链轮的__________，检查两轴线__________度和__________偏移量。

15. 套筒滚子链接头方式有__________链节、__________链节和__________链节。

16. 齿轮传动是依靠轮齿间的__________来传递__________和__________的。

17. 齿轮装配时，__________齿轮在轴上不得有晃动现象；__________齿轮不应有咬死或阻滞现象；__________齿轮不得有偏心或歪斜现象。

18. 装配圆柱齿轮传动机构时，一般是先把齿轮装在__________上，再把齿轮轴组件装入__________。

19. 对于精度要求高的齿轮传动，在齿轮与轴装好后，必须检查其__________圆跳动量和__________圆跳动量。

20. 齿轮的啮合质量要求包括适当的__________和一定的__________以及正确的__________。

21. 齿侧间隙检验常用的检测方法有__________法和__________检测法两种。

22. 齿面的接触精度主要是指齿轮啮合后接触斑点的__________和__________，通常用__________检验。

23. 影响接触精度的主要因素是__________精度及__________精度。

24. 圆锥齿轮传动机构装配的关键是正确确定______________、安装距和啮合质量的__________与__________。

25. 将已装配好的两锥齿轮轴组件装入箱体之前，需检验箱体两安装孔轴线的________和__________程度。

26. 当一对标准的圆锥齿轮传动时，必须使两齿轮分度圆__________、锥顶__________。

27. 圆锥齿轮传动啮合质量的检验包括__________的检验和接触斑点的检验。接触斑点检验一般用__________检查，无载荷时，接触斑点应靠近齿轮__________端；满载时，接触斑点在齿高和齿宽方向应不少于__________（随齿轮精度而定）。

28. 蜗杆传动机构用来传递的空间相互__________的两交错轴之间的运动和动力。

29. 蜗杆传动具有传动比_________、结构紧凑、自锁性_________、传动__________、噪声__________等特点。

30. 装配蜗杆传动机构，通常要先对箱体上蜗杆轴孔中心线与蜗轮轴孔中心线的______________和__________进行检验。

31. 蜗杆传动机构的装配顺序，一般是先装__________，后装______。

32. 蜗杆传动机构啮合质量的检验，一般用_________检验其轴向位置及接触斑点，用__________检验齿侧间隙。

33. 螺旋传动机构可将__________运动变换为__________运动。

34. 螺旋传动机构的传动精度_________、工作__________、无噪声、易于__________、能传递__________的扭矩。

35. 螺旋副的配合间隙分__________间隙和__________间隙两种。

36. 进给丝杠双螺母消隙机构有__________消隙、__________消隙和__________消隙三种形式。

37. 为了能准确而顺利地将旋转运动换为直线运动，丝杠与螺母必须__________，丝杠轴线必须与__________平行。

38. 丝杠的回转精度是指丝杠的__________和__________的大小。装配时，主要通过正确安装丝杠两端的__________来保证。

39. 按结构和用途不同，联轴器可分为____________联轴器、____________联轴器、__________联轴器。

40. 利用__________和螺栓连接两个半联轴器的联轴器称为凸缘联轴器，一般常用于载荷平稳、高速或传动精度要求__________的轴系传动。

41. 联轴器装配时应严格保证两轴的__________，否则两轴不能正常工作，严重时会使联轴器或轴变形和损坏。

42. 离合器是可将主、从动部分在同轴线上传递动力或运动时，具有____________或__________功能的装置。

43. 牙嵌式离合器牙的形状有__________、__________、__________。

二、判断题

1. V 带装配时，为了增加摩擦力，必须使 V 带底面和两侧都接触轮槽。 （　　）

2. 为保证带传动正常工作，带轮工作表面的粗糙度值越小越好。 ( )

3. 带传动初拉力的调整方法是靠改变两带轮的直径来进行的。 ( )

4. 带传动初拉力不足，带将在带轮上打滑，传动效率降低。 ( )

5. 初拉力过大，带、轴和轴承都将迅速磨损。 ( )

6. V 带拉长在正常范围内时，可通过调整中心距进行张紧。 ( )

7. 更换 V 带时，应将一组 V 带同时更换，不得新旧混用。 ( )

8. 链传动中，两链轮的轴线必须平行，两链轮的轴向偏移量不能太大。 ( )

9. 链传动处于水平或稍微倾斜的位置时，其下垂量不大于中心距的 20%。 ( )

10. 链传动垂直安置时，链的下垂度可大于中心距的 0.2%。 ( )

11. 链条过松，易产生振动或脱链现象。 ( )

12. 套筒滚子链用卡簧片接头时，其开口端方向必须与链条的运动方向相同，以免运转中受到碰撞而脱落。 ( )

13. 过渡链节适用于链节为偶数时的链条接合。 ( )

14. 齿形链条必须先套在链轮上，再用拉紧工具拉紧后进行连接。 ( )

15. 在轴上固定的齿轮，与轴的配合有少量的过盈，装配时需加一定的外力。 ( )

16. 压装齿轮时要尽量避免齿轮偏心、歪斜和端面未紧贴轴肩等安装误差。 ( )

17. 相互啮合的一对齿轮的安装中心距是影响齿侧间隙的主要因素。 ( )

18. 用压铅丝法检验齿侧间隙时，铅丝直径不宜小于最小间隙的 4 倍，铅丝被挤压后，最厚处的尺寸为间隙。 ( )

19. 两圆柱齿轮的啮合间隙与两齿轮中心距的误差关系不大。 ( )

20. 渐开线圆柱齿轮啮合时出现同向偏接触的原因是两齿轮轴线相对歪斜。 ( )

21. 两啮合圆锥齿轮，若齿两侧同在小端接触，是因为两轴线交角太小。 ( )

22. 蜗杆传动效率较高，工作时发热量大，需要有良好的润滑条件。 ( )

23. 一般情况下，蜗杆传动机构的装配工作是从装配蜗轮开始。 ( )

24. 蜗杆传动正确的接触斑点应在蜗轮轮齿中部稍偏于蜗杆旋出方向。 ( )

25. 对于不重要的蜗杆传动机构，可以用手转动蜗杆，根据其空程量的大小来判断齿侧间隙的大小即可。 ( )

26. 径向间隙直接反映丝杠螺母的配合精度。 ( )

27. 丝杠和螺母的径向间隙由装配来保证，若超差应通过调整解决。 ( )

28. 丝杠螺母的轴向间隙直接影响螺旋传动的准确性。 ( )

29. 双螺母消隙机构可消除单向轴向间隙，防止进给时产生爬行现象。 ( )

30. 在丝杠的传动中，若丝杠的径向圆跳动超差，应采取矫直丝杠的方法解决。 ( )

31. 在机器运转过程中，联轴器可随时实现两连接轴的分离和组合。 ( )

32. 十字滑块联轴器适用于转速较高、传递转矩较大的传动。 ( )

33. 十字滑块联轴器装配时允许两轴有少量的径向偏移和倾斜。 ( )

34. 牙嵌式离合器结构简单，外廓尺寸小，能传递较大的转矩，故应用较多。 ( )

35. 圆锥摩擦离合器装配后，内外圆锥面的正确接触斑点是靠近锥顶。 ( )

36．联轴器和离合器的主要区别是在机器运转过程中能否将两轴随时分开或接合。 （　　）

三、选择题

1．带传动中，主动轮和从动轮转动的方向（　　）。

A．相同　　B．相反　　C．根据需要可相同或相反

2．摩擦型带传动不包括（　　）。

A．V 带传动　　B．平带传动　　C．同步带传动

3．在带传动中，两带轮端面应（　　）。

A．互相垂直　　B．互相平行　　C．在一个平面内

4．带传动中，两带轮工作表面的表面粗糙度值应（　　）。

A．大小适当　　B．越小越好　　C．越大越好

5．对于一般要求的机械，可根据经验判断初拉力是否合适。用大拇指按压在 V 带切边处中点，能将 V 带按下（　　）mm 左右即可。

A．10　　B．15　　C．20

6．自行车行走部分采用的是（　　）链传动形式。

A．套筒滚子　　B．齿形　　C．环形

7．两链轮之间轴向偏移必须在要求范围内。一般当两轮中心距小于 500 mm 时，允许轴向偏移量应在（　　）mm 以内。

A．1　　B．2　　C．3

8．对于一般精度的圆锥齿轮传动，要求在无载荷时，接触斑点应靠近轮齿（　　）端。

A．大　　B．中　　C．小

9．齿轮上接触斑点的面积大小，应该随齿轮精度而定。对于一般精度的直齿圆柱齿轮，在齿廓的高度上接触斑点应不少于（　　）。

A．40% ~60%　　B．30% ~50%　　C．40% ~70%

10．如图 4—5—1 所示为圆柱齿轮啮合时的印痕。图 a 表示啮合齿轮之间的中心距（　　）；图 b 表示啮合齿轮之间的中心距（　　）。

A．太大　　B．太小　　C．合适

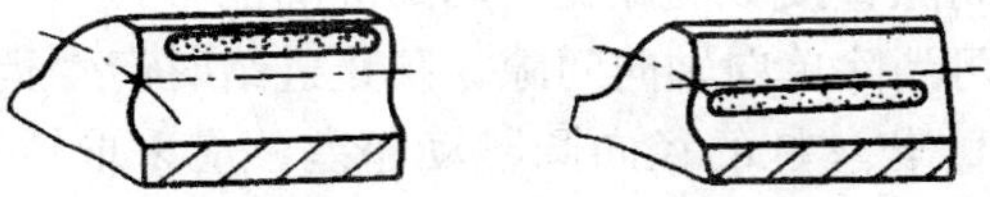

a）　　b）

图 4—5—1

11．渐开线圆柱齿轮安装时，接触斑点处于异向偏接触，其原因是两齿轮（　　）。

A．轴线歪斜　　B．轴线不平行　　C．中心距太大或太小

12．在轴上固定的齿轮，当过盈量很大时，采用（　　）装配。

A．敲击法　　B．压入法　　C．液压套合法

13. 用涂色法检验蜗杆传动机构啮合质量，先将红丹粉涂在（　　）的螺旋面上，并转动蜗杆，可在蜗轮轮齿上获得接触斑点。

A. 蜗轮　　　　B. 蜗杆　　　　C. 蜗杆或蜗轮

14. 蜗杆传动机构装配后，蜗轮在任何位置上，用手旋转蜗杆所需的扭矩（　　）。

A. 均应相同　　　　B. 大小不同　　　　C. 相同或不同

15. 保证丝杠螺母副传动精度的主要因素是（　　）。

A. 配合间隙　　　　B. 配合过盈　　　　C. 螺纹精度

16. 丝杠螺母轴线的同轴度及丝杠轴心线与基准面的（　　）应符合规定要求。

A. 平行度　　　　B. 同轴度　　　　C. 垂直度

四、简答题

1. 带传动机构的装配有哪些技术要求?

2. 叙述V带安装的装配工艺。

3. 链传动机构有哪些装配技术要求?

4．简述齿轮传动机构的装配技术要求。

5．齿轮轴组件装入箱体前，应对箱体进行哪些项目的检查？

6．蜗杆传动机构的装配技术要求有哪些？

7．叙述装配蜗杆传动机构的顺序。

8. 螺旋传动机构的装配技术要求是什么？

9. 简述十字滑块联轴器的装配技术要求。

10. 简述牙嵌式离合器的装配技术要点。

五、计算题

1. 在测量图 4—5—2 所示箱体孔的中心距时，已测得 $d_1=50.06$ mm，$d_2=30.04$ mm，$L_1=200.1$ mm，求中心距 A。

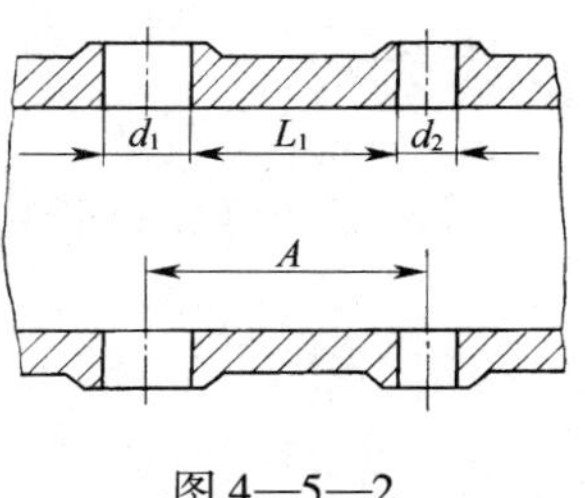

图 4—5—2

2. 如图 4—5—3 所示，若测得 $d_1=47.07$ mm，$d_2=33.03$ mm，$L_1=300.20$ mm，求中心距 A。

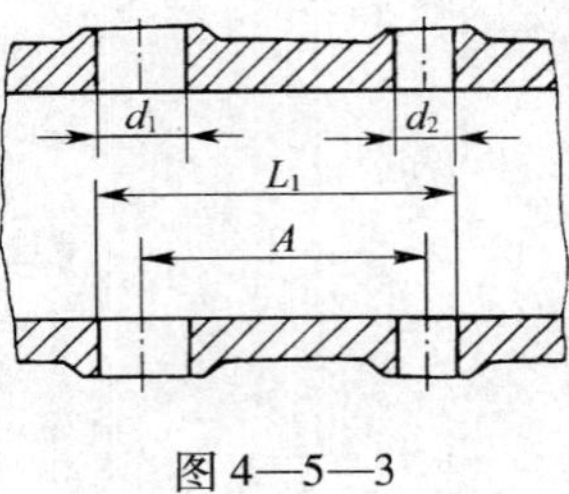

图 4—5—3

3. 用心棒检验图 4—5—4 所示箱体孔时，测得 $d_1=40.02$ mm，$d_2=25.02$ mm，$L_1=143.12$ mm，$L_2=143.08$ mm，求中心距 A。

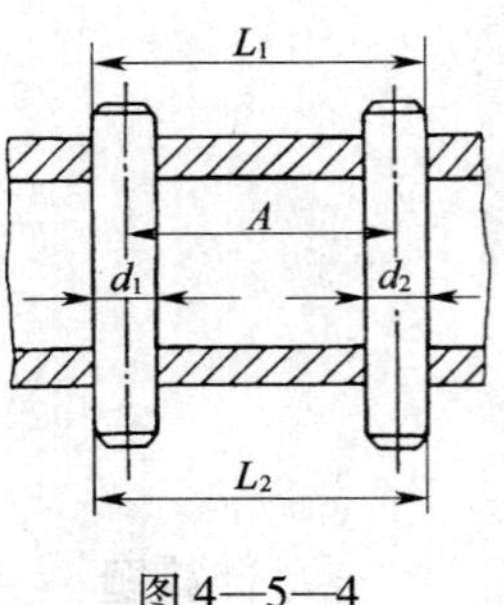

图 4—5—4

4. 根据图4—5—5所示箱体孔所测得的尺寸（已在图中标出），求两孔中心距和轴线平行度误差。

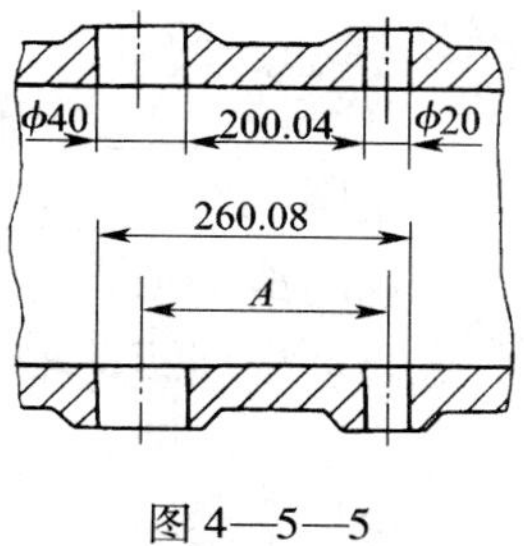

图4—5—5

课题六　轴承和轴组的装配

一、填空题

1. 轴承在机械中是用来支承__________或轴上__________的重要部件。

2. 按摩擦性质不同，轴承可分为__________轴承和__________轴承两大类。

3. 滚动轴承具有摩擦力小、__________尺寸小、__________、__________、更换方便和维修容易等优点。

4. 滚动轴承一般由__________、__________、__________和保持架组成。

5. 滚动轴承的基本代号由轴承__________代号、__________系列代号（包括轴承的__________系列和__________系列代号）和__________代号组成。

6. 滚动轴承类型代号中，3代表__________轴承、5代表__________轴承、6代表__________轴承、7代表__________轴承、N代表__________轴承。

7. 滚动轴承是标准组件。为便于互换和专业生产，国家标准规定轴承的内孔与轴的配合采用__________制，而外圈与轴承座孔的配合为__________制。

8. 滚动轴承的装配应根据轴承的________、________大小和轴承部件的__________性质而定。

9. 滚动轴承常用的装配方法有_________法、_________法和_________法及__________

法等。

10. 热装法一般是将轴承放在________中加热至________℃，然后和常温状态的轴配合。

11. ________轴承有松圈和紧圈之分，装配时应使紧圈靠在________零件的端面上，松圈靠在________零件的端面上。

12. 滚动轴承游隙分为________游隙和________游隙两种。

13. 根据滚动轴承所处状态不同，径向游隙分为________游隙、________游隙和________游隙。

14. 滚动轴承游隙调整常用的方法有两种，一种是__________调整法，另一种是________调整法。

15. 滚动轴承预紧能提高轴承在工作状态下的________和________。

16. 按滑动轴承的摩擦状态不同，滑动轴承可分为________轴承和________轴承。

17. 按滑动轴承结构不同，滑动轴承分为________滑动轴承、________滑动轴承、________滑动轴承和多瓦式自动调位轴承。

18. 整体式滑动轴承的特点是________、________，但磨损后无法调整间隙，通常用于________、________的场合。

19. 典型的剖分式滑动轴承由轴承座、________、________、________及双头螺柱等组成。

20. 滑动轴承装配的主要技术要求是在轴颈与轴承之间获得合理的________，保证轴颈与轴承的良好________和充分的________，使轴颈在轴承中旋转________。

21. 轴承的轴向固定有________固定和________固定两种基本方式。

22. 为了提高主轴的回转精度，轴承内圈与________装配及轴承外圈与________装配时，常采用________装配的方法。

23. 定向装配就是人为地控制各装配件径向圆跳动的________，合理组合，采用误差相互________来提高装配精度的一种方法。

24. 主轴是车床的关键部件，加工工件的精度和表面粗糙度，很大程度上取决于主轴部件的________和________。

25. 主轴部件的精度是指它在装配调整之后的回转精度，包括主轴的________圆跳动、________圆跳动以及主轴旋转的________和________。

26. CA6140 型卧式车床主轴前、后轴承调整的顺序是：先初步调整________轴承，再调整________轴承。

27. 车床空运转试车，主轴从低速到高速空运转时间不超过________h，最高速运转时间不少于________min，一般温升不超过________℃。

二、判断题

1. 滚动轴承滚动体在内、外圈滚道上滑动形成了滚动摩擦。（　）

2. 滚动轴承带有标记的端面，在装配时无方向要求，朝向可任意。（　）

3. 装配滚动轴承时，作用力应直接加在待配合的套圈端面，不允许通过滚动体。（　）

4．装配后的滚动轴承应运转灵活，工作温度不超过80℃。（　　）

5．装配前应按技术要求对轴承进行清洗。对于两面带防尘盖、密封圈或自带润滑脂的轴承则不需要进行清洗。（　　）

6．不可分离型轴承应按座圈配合的松紧程度决定其装配顺序。（　　）

7．当滚动轴承的内圈与轴、外圈与轴承座孔都是紧配合时，应将轴承同时压入轴上和轴承座孔内。（　　）

8．推力球轴承的紧圈必须与旋转件端面靠紧。（　　）

9．滚动轴承游隙过小，摩擦发热，磨损加快，轴承的寿命降低。（　　）

10．对于承受载荷较大，旋转精度要求较高的滚动轴承，大都是在无游隙甚至有少量过盈的状态下工作的。（　　）

11．滚动轴承的预紧就是使滚动体与内、外圈接触处产生初变形。（　　）

12．轴承预紧时，只能对轴承外圈施加一定的力，而不能把力施加在内圈上。（　　）

13．滑动轴承工作平稳、无噪声，但不能承受较大的冲击力。（　　）

14．液体动压、静压润滑轴承，当轴正常工作时，轴承和轴之间完全被油膜分开，摩擦力很小。（　　）

15．液体动压润滑轴承静止时，轴浮在中间。（　　）

16．整体式滑动轴承结构简单、制造容易，磨损后调整方便。（　　）

17．整体式滑动轴承压入轴承座后，尺寸形状不容易发生变化，无须修整即能满足使用要求。（　　）

18．为提高配合精度，剖分式滑动轴承轴瓦孔应与轴进行研点配刮。（　　）

19．轴承采用一端双向固定，可使轴受热向一端伸长，不会被卡死。（　　）

20．滚动轴承与主轴采用定向装配是为了提高主轴的回转精度。（　　）

21．CA6140型卧式车床主轴的前轴承，主要承受切削时的径向力。（　　）

22．CA6140型卧式车床主轴的后轴承和推力球轴承，主要承受轴向力。（　　）

23．主轴轴承的调整顺序，一般应先调整游动支承，再调整固定支承。（　　）

24．滚动轴承比滑动轴承的摩擦力小。（　　）

三、选择题

1．滚动轴承内径代号02表示滚动轴承内孔直径为（　　）mm。

A．10　　B．12　　C．15

2．（　　）不属于分离型轴承。

A．单列深沟球轴承　　B．单列圆锥滚子轴承　　C．单向推力球轴承

3．既能承受径向力，又能承受轴向力的轴承是（　　）轴承。

A．推力　　B．向心　　C．向心推力

4．同一根轴上的两个轴承，当工件受热后，必须有（　　）个轴承在轴向有移动的余地。

A．1　　B．2　　C．1或2

5．当滚动轴承的内圈与轴颈过盈量较大时，最好采用（　　）法装配。

A．压入　　B．锤击　　C．热装

6. 高精度滚动轴承装配时，轴承内圈与轴颈配合过盈量太大时，其装配方法可采用（ ）。

A. 锤击法　　B. 压入法　　C. 热装法

7. 合理调整轴承间隙，是保证轴承寿命、提高轴承（ ）的关键。

A. 粗糙度　　B. 速度　　C. 旋转精度

8. 若在成对安装轴承之间配置厚度不同的轴承内、外圈间隔套，可得到（ ）。

A. 不同的预紧力　　B. 相同的预紧力　　C. 一定的预紧力

9. 对于轴颈尺寸较大或配合过盈量较大而又经常拆卸的圆锥孔轴承，常采用（ ）拆卸。

A. 温差法　　B. 压入法　　C. 液压套合法

10. 整体式滑动轴承，轴套压入轴承座孔后，易发生尺寸和形状变化，应采用（ ）或刮削的方法对内孔进行修整。

A. 钻削　　B. 铰削　　C. 研磨

11. 为实现紧密配合，保证有合适的过盈量，薄壁轴瓦的剖分面应比轴承座的剖分面（ ）一些。

A. 高　　B. 低

12. 一根轴若在左端采用双向固定法固定轴承，则右端轴承可随轴做（ ）。

A. 径向跳动　　B. 轴向窜动　　C. 轴向游动

13. 定向装配法主要用于（ ）的主轴部件。

A. 精度一般　　B. 精度要求较高　　C. 无精度要求

14. CA6140 型卧式车床主轴的前轴承是（ ）轴承。

A. 角接触　　B. 推力球　　C. 双列短圆柱滚子

四、名词解释

1. 游隙

2. 预紧

3. 定向装配

4. 轴组

五、简答题

1．解释下列滚动轴承代号的含义。

（1）51215/P5

（2）7215AC/P6

（3）NN3021K/P5

2．叙述滚动轴承的装配技术要求。

3．滚动轴承的游隙大小对轴承的寿命和精度有哪些影响？

4．叙述滑动轴承的特点及适用场合。

5．定向装配时，什么情况下主轴的径向圆跳动量最小？

6．如何检查主轴径向圆跳动？

7．简述主轴轴组的调整方法。

课题七　综合技能训练（三）

1．内圆磨具主轴的装配

MG1432A 型内圆磨具主轴如图 4—7—1 所示。

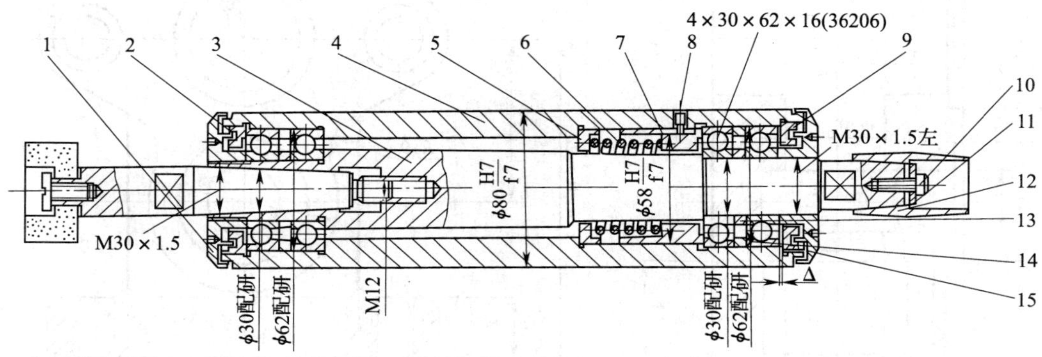

图 4—7—1　MG1432A 型内圆磨具主轴

1—前防尘盖　2—前轴承盖　3—主轴　4—套筒　5—弹簧座
6—弹簧　7—推力圈　8—导向螺钉　9—后轴承盖　10—螺钉
11—垫圈　12—带轮　13—调整垫圈　14—外调整垫圈　15—后防尘盖

（1）查阅资料，写出该主轴的装配技术要求。

（2）写出装配工艺步骤。

2．阀体零件的划线

阀体零件及毛坯如图 4—7—2 所示。

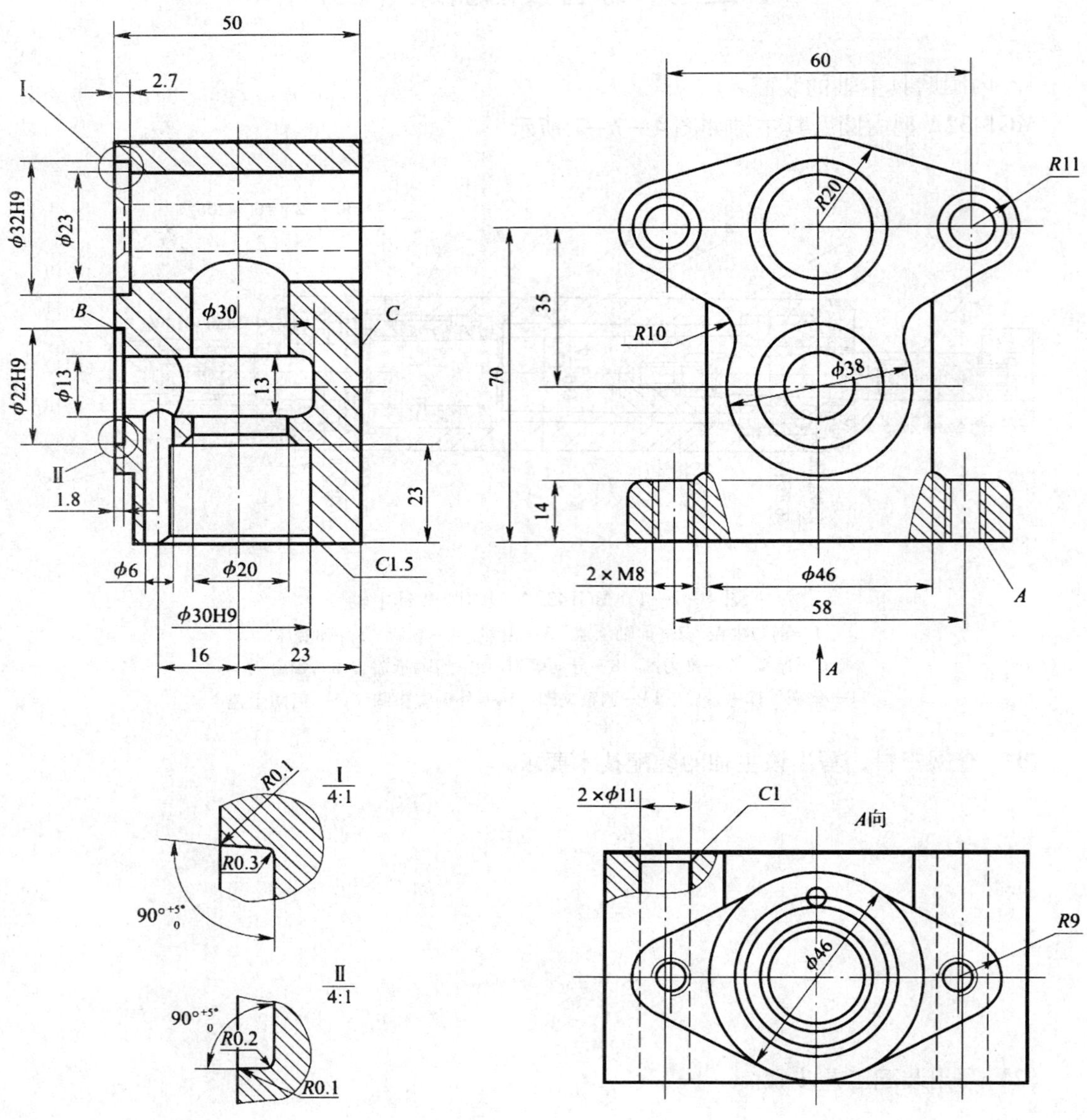

a）

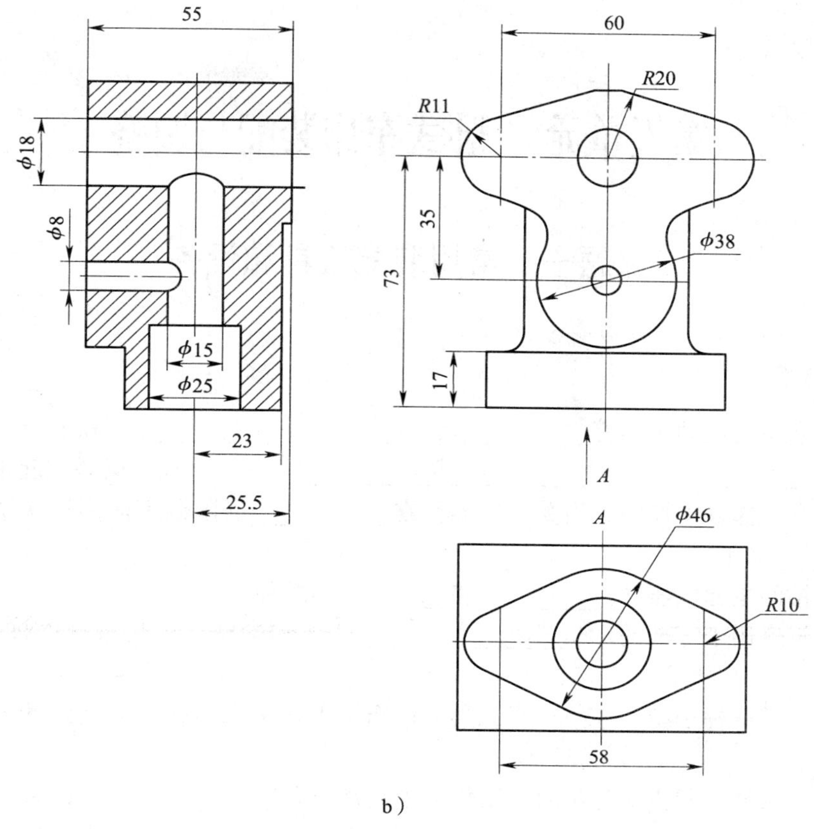

b）

图 4—7—2　阀体

a）零件　b）毛坯

（1）完成该阀体零件的立体划线需要什么划线工具？

（2）如何确定划线基准？

（3）制定划线工艺步骤。

第五单元　卧式车床装配与调整

课题一　常用装配工具和设备

一、填空题

1. 钳工常用的电动工具有__________、__________、__________和电剪刀等；常用的起重设备有__________、__________、__________、__________和单梁桥式起重机等。

2. 在装配、修理工作中，当受工件形状或__________的限制不能用钻床钻孔时，则可使用__________加工。

3. 手电钻的电源电压分__________和__________两种。

4. 电磨头适用于零件的__________、__________和除锈，当用布轮代替砂轮使用时，则可进行__________作业。

5. 千斤顶是一种小型__________工具，机修钳工常用来拆卸和装配设备中__________配合的零件。

6. 使用单梁桥式起重机起吊时，工件与电葫芦位置应在________，工件不可________。

7. 永磁起重器分为__________和全自动型两种。__________永磁起重器手柄开关附有安全钮，可以单手操作，方便安全。

8. 常用的铸铁平尺有__________平尺、__________平尺、__________平尺和__________平尺等。

9. 方尺和三角形直角尺用于检验机床部件的__________和__________。

10. 垫铁是一种检验__________的通用器具，主要用作水平仪及百分表等测量器具的垫铁。

11. 检验棒主要用来检查机床主轴和套筒类零、部件的__________、__________、同轴度和平行度等。

12. 检验桥板是用来检验机床导轨面间__________精度的一种工具，一般与水平仪、百分表结合使用。

13. 水准器式水平仪主要用来测量导轨在________平面内的直线度、工作台的________及零件间的__________和__________等。

二、判断题

1. 手电钻的规格是以其最大钻孔直径来表示的。（　　）

2. 用手电钻钻孔时不宜用力过猛。当孔将钻穿时须加大压力，以防事故发生。（　　）

3. 电磨头新装的砂轮可直接使用，无须修整。（　　）

4. 使用千斤顶时，重物不得超过千斤顶的负载能力。 (　　)

5. 起重时，操作者应站在与手动葫芦链轮的同一平面内拉动链条，用力应均匀、缓和。 (　　)

6. 铸铁平尺准确度等级分为 00、0、1、2 四个等级。 (　　)

7. 检验桥板只有和水平仪结合使用才能测量出机床导轨的接触精度。 (　　)

8. 水平仪采用绝对读取法时，始终以左基准线（或右基准线）为“0”基准，气泡向任意一端偏离该基准的格数，即为实际偏差示值。偏离起端为“－”，偏向起端为“＋”。 (　　)

三、选择题

1. 手电钻使用前，应开机旋转（　　）min，检查无异常后才可使用。

A. 1　　B. 2　　C. 1～2

2. 电磨头适用于在（　　）工、夹、模具装配调整中，对各种形状复杂的工件进行修磨或抛光。

A. 小型　　B. 中型　　C. 大型

3. 水平仪是一种测角量仪，它的测量单位用（　　）作标记。

A. 测量长度　　B. 斜率　　C. 倾斜角度

4. 0.02 mm/1 000 mm，其含义是测量面与水平面倾斜角为（　　），斜率是 0.02/1 000，而此时平尺两端的高度差，则因测量长度不同而不同。

A. 2″　　B. 4″　　C. 6″

四、简答题

1. 叙述手电钻的使用注意事项。

2. 简述单梁桥式起重机的安全操作规程。

五、计算题

1. 用规格为 200 mm × 200 mm、精度为 0.02 mm/1 000 mm 的框式水平仪测量长度为 2 000 mm 平导轨的直线度。采用水平仪垫铁长度为 200 mm，若水平仪在导轨上测得 10 段，水平仪的读数依次为：+3、0、−1、0、0、−1、+2、+1、−1、−1（单位是格）。

（1）画出导轨直线度误差曲线图。

（2）用两端点连线法确定最高点的位置及高度（格）。

（3）最低点在什么位置？比最高点降低了多少格？

（4）最大导轨直线度误差值是多少？

2．用精度为0.02 mm/1 000 mm的水平仪测量导轨的直线度误差，每200 mm一段，共测8段，其读数依次为：+1、+1、+2、-1、0、-2、+1、+1。画出导轨直线度误差曲线图，并用最小区域法计算导轨直线度误差。

课题二　金属切削机床型号

一、填空题

1．金属切削机床是指用切削、特种加工等方法主要用于加工__________，使之获得所要求的__________、__________和__________的机器。

2．机床分类代号中，C表示__________，Z表示__________，X表示__________，M表示__________。

3．当在一个型号中需要同时使用2~3个普通特性代号时，一般按__________来排列先后顺序。

4．机床通用特性代号中，Z表示__________，H表示__________，K表示__________，M表示__________。

5．CA6140型卧式车床型号中的“A”为__________特性代号。

二、判断题

1．机床主参数表示机床规格大小并反映机床最大工作能力。（　　）

2．机床的类别代号包括类代号和分类代号。（　　）

3．通用特性代号有统一的规定含义，它在各类机床的型号中，表示的意义相同。（　　）

4. 如某类机床仅有通用特性，而无普通型，则通用特性不予表示。 （ ）

5. 型号 GG125B 中的“B”表示 GG125 型高精度卧式车床的第二次重大改进。（ ）

6. CK6140 表示床身上最大回转直径为 40 mm 的数控普通车床。 （ ）

三、名词解释

1. CA6140

2. CK6160

3. Z4012

4. Z5025

5. Z3040 × 16

6. X5030B

课题三　CA6140 型卧式车床及其传动系统

一、填空题

1. 车床是指主要用车刀在工件上加工旋转表面的机床，在金属切削机床中约占总数的__________。

2. 卧式车床的主运动是__________的旋转运动，进给运动是__________的纵、横向进给运动。

3. CA6140 型卧式车床三大箱体是指__________箱、__________箱和__________箱。

4. CA6140 型卧式车床的床身上最大回转直径是______mm，主轴内孔直径为______mm，主轴孔前端锥度为__________，主轴正转分为__________级，反转分为__________级。

5. CA6140 型卧式车床主运动传动链是将__________动力传给主轴，同时完成主轴__________、__________、__________和变速。

6. CA6140 型卧式车床进给运动传动链是使刀架实现__________、__________运动或车削__________运动的传动链。

7. CA6140 型卧式车床能车削__________、__________、__________和径节制四种标准螺纹，还可以车削__________螺距和__________螺距螺纹。

8. CA6140 型卧式车床能实现__________机动进给和__________机动进给，还能实现刀架__________移动。

二、判断题

1. 卧式车床车刀的纵向进给运动是指车刀沿工件中心线方向移动。　（　　）

2. 辅助运动包括刀具的移近、退回，工件的夹紧等。　（　　）

3. 尾座主要用于支承较长工件，安装钻头、铰刀等进行孔加工。　（　　）

4. 机床的溜板箱内右端装有快速电动机，可使刀架快速移动。　（　　）

5. CA6140 型卧式车床能车削公制、模数和径节制等标准螺纹，不能车削英制螺纹。　（　　）

三、名词解释

1. 表面成形运动

2．辅助运动

四、简答题

1．卧式车床的加工范围有哪些？

2．写出 CA6140 型卧式车床的主运动传动结构式。

课题四　CA6140 型卧式车床主要部件及典型机构

一、填空题

1．CA6140 型卧式车床主轴箱是用于安装________，实现主轴________及__________的部件。

2. CA6140 型卧式车床主轴箱内的双向多片式摩擦离合器的作用是实现主轴________、__________、__________和__________保护。

3. 多片式摩擦离合器松开状态时的间隙__________，其压紧力不够，内、外摩擦片易产生打滑，不能传递足够的扭矩，甚至出现“__________”现象，并易使摩擦片磨损；如间隙__________，易损坏操纵装置中的零件，停车时内、外摩擦片不能完全脱开，加剧磨损、发热。

4. 工件的精度和表面粗糙度很大程度上取决于主轴部件的__________和__________精度。

5. CA6140 型卧式车床进给箱的功用是将________箱经挂轮传来的运动进行各种________的变换，使丝杠、光杠得到不同的转速，以取得不同的__________和加工不同__________的螺纹。

6. CA6140 型卧式车床溜板箱的作用是将__________箱运动传给__________，并做纵向、横向__________进给及切削螺纹运动的选择，同时有__________保护作用。

7. CA6140 型卧式车床溜板箱中开合螺母机构用来________和________切削________运动。

8. 互锁机构的作用是当接通__________或__________时，开合螺母__________；合上开合螺母时，则不允许接通__________或__________。

9. 两种不同转速的运动同时传到一根轴上，而使轴不受损坏的机构称为__________离合器。

10. 安全离合器的作用是在机动进给过程中，当进给力________或进给运动受到________时，可以__________切断进给运动，保护传动零件在__________时不发生损坏。

二、判断题

1. CA6140 型卧式车床主轴前端的 1∶20 锥孔是加工主轴工艺基准面。 (　　)

2. 只有当双向多片式摩擦离合器向左或向右压紧时，闸带式制动器方能制动主轴的正转或反转。 (　　)

3. 闸带式制动器的作用是使主轴在停车过程中能迅速停止转动。 (　　)

三、简答题

1. 车床主轴为什么要做成空心的？

2．简述双向多片式摩擦离合器的调整方法。

3．简述调整主轴轴承间隙的步骤。

课题五　卧式车床的总装配

一、填空题

1．床身导轨是__________移动的导向面，是保证__________移动直线性的关键。

2．对导轨的精加工有__________法、__________法和__________法三种，目前应用最广的为__________法。

3．燕尾导轨配镶条的目的是使刀架横向进给运动时有合适的__________，并能在使用过程中不断调整间隙，以保证足够的__________。

4．刮研床鞍下导轨面达到垂直度要求的同时，还要保证横向应与进给箱安装面________、纵向与床身导轨_________两项要求。

5．床鞍与床身的装配，主要是刮研床身的__________及配刮床鞍__________，保证床身上下导轨面的__________度。

6．溜板箱的安装位置直接影响__________、__________能否正确啮合，进给能否顺利进行，是确定__________和__________安装位置的基准。

7．安装齿条，主要是保证纵向走刀__________与__________的啮合间隙。

8．车床齿条常由几根拼装而成，齿条拼装时，应用__________进行跨接校正。

9．齿条位置调好后，每块齿条都应配有两个__________，以确定其安装位置。

10．安装进给箱和后托架主要应保证进给箱、溜板箱、后托架上安装丝杠三孔的______度，并保证丝杠与床身导轨的__________度。

11．车床主轴箱是以__________和__________与床身接触来保证正确安装位置。

12．主轴箱的底平面用来控制主轴轴线与床身导轨在铅垂平面内的__________度，凸块侧面是控制主轴轴线与床身导轨在水平面内的__________度。

13. 尾座安装后的精度包括：床鞍移动轨迹对尾座套筒__________的平行度，床鞍移动轨迹对尾座套筒锥孔__________的平行度。

二、判断题

1. 机床刮削导轨接触精度的高低以接触面积的大小来评定。（　）
2. 刮削导轨表面粗糙度一般在 $Ra1.6\ \mu m$ 以上。（　）
3. 床身与床脚用螺钉连接，是车床总装配的基准部件。（　）
4. 床鞍部件是保证刀架运动的关键。（　）
5. 溜板箱的安装位置对丝杠、螺母的正确啮合无直接影响。（　）
6. 调整主轴锥孔中心线和尾座套筒锥孔中心线对床身的等高度时，只允许尾座方向高。（　）

三、选择题

1. 刮削导轨每 25 mm×25 mm 范围内接触点不少于（　）点。

A. 25　　B. 20　　C. 10

2. （　）是单件小批生产或机修中常用的方法。

A. 刮研法　　B. 精刨法　　C. 精磨法

3. 校正开合螺母中心线与床身导轨的平行度时，溜板箱不能在（　）检测。

A. 左端　　B. 中间　　C. 右端

4. 应用标准齿条对安装的齿条进行跨接校正时，在两根相接齿条的接合端面之间，需留有 0.5 mm 左右的（　）。

A. 间隙　　B. 过盈　　C. 间隙或过盈

5. 车床主轴箱安装在床身上，应保证主轴轴线与床身导轨在垂直平面内的平行度，并要求主轴轴线（　）。

A. 只许向上偏　　B. 只许向下偏　　C. 只许前后偏

6. 在检验主轴轴线与床身导轨的平行度时，为消除检验棒本身误差对测量的影响，测量时可旋转主轴（　）做两次测量，取其平均值。

A. 90°　　B. 180°　　C. 90°或 180°

7. 在常态下检验主轴锥孔中心线和尾座套筒锥孔中心线对床身导轨的等距度时，要求尾座中心线应（　）主轴中心线。

A. 等于　　B. 稍低于　　C. 稍高于

8. 车床床鞍移动轨迹对尾座套筒锥孔中心线在垂直平面内的平行度，只允许锥孔中心线的前端（　）。

A. 向上偏　　B. 向下偏　　C. 向操作者方向偏

四. 简答题

1. 简述床鞍与床身的装配要求、装配要点及测量方法。

2. 简述溜板箱的安装及测量工艺。

3. 简述主轴箱的安装要求。

课题六　卧式车床的试车和验收

一、填空题

1. 车床的试车与验收一般包括__________、__________、__________和__________四个方面。

2. 全负荷强度试验的目的是检验车床主传动系统能否输出设计所允许的最大________和__________。

3. 精车外圆试验的目的是检验车床在正常工作温度下，主轴轴线对床鞍移动方向是否__________，主轴的__________精度是否合格。

4. 精车端面试验应在__________合格后进行，目的是检查车床在正常工作温度下，刀架横向移动对主轴轴线的__________度和横向导轨的__________度。

5. 车槽试验的目的是检验车床主轴系统及刀架系统的__________性能，检查主轴部件的__________精度、主轴__________精度、床鞍刀架系统各配合__________的调整是否合格。

6. 精车螺纹试验的目的是检验车床上__________传动系统的准确性。

7. 一般车床的几何精度检验分两次进行，一次在________后进行，另一次在________之后进行。

8. 检测床鞍移动在水平面内的直线度时，当床鞍行程小于或等于 2 000 mm 时，可用

__________和__________检验；当床鞍行程大于 2 000 mm 时，用直径 0.1 mm 的钢丝和__________检验。

二、判断题

1. 车床总装后静态检查是在空转试验之后进行的。 （　　）
2. 车床空运转试验是在全负荷强度试验之后进行的。 （　　）
3. 空运转试验是在机床不受负荷的状态下进行的运转试验。 （　　）
4. 空运转试验和调整时，润滑系统应正常、畅通、可靠，若有适当泄漏不会影响工作。 （　　）
5. 凡是与主轴轴承温度有关的项目，应在主轴运转达到稳定温度后进行。 （　　）
6. 机床的切削试验必须在机床处于稳定温度的条件下进行。 （　　）
7. 机床进行工作精度检验前应重新检查机床的安装水平并将机床固定。 （　　）
8. 车床总装配后，可以不必试车直接进行验收。 （　　）

三、选择题

1. 移动机构的反向空行程量应尽量小，直接传动的丝杠不得超过回转圆周的（　　）转。

A. 1/40　　B. 1/30　　C. 1/20

2. 静态检查时各手柄的转动力不应超过（　　）N。

A. 50　　B. 80　　C. 100

3. 车床空运转试验时，运转机床的主动机构从最低转速起依次运转，各级转速的运转时间不少于（　　）min，最高转速的运转时间不少于 30 min。

A. 2　　B. 5　　C. 10

4. 车床空运转试验中，在主轴轴承达到稳定温度时，滚动轴承温度不得超过（　　）℃，温升不得超过 40℃。

A. 60　　B. 70　　C. 80

5. 精车外圆后，试件圆度误差应不大于（　　）mm。

A. 0.01　　B. 0.02　　C. 0.03

6. 精车端面后，试件平面度误差应不大于（　　）mm。

A. 0.01　　B. 0.02　　C. 0.03

7. 精车螺纹试验要求螺纹表面粗糙度应不大于 *Ra*（　　）μm。

A. 1.6　　B. 3.2　　C. 6.3

四、简答题

1. 机床空运转试验和调整包括哪些内容？

2．机床几何精度检验包括哪些内容？

3．叙述主轴和尾座两顶尖的等高度的检验方法。

第六单元　机械设备的润滑、密封与保养

课题一　机械设备的润滑

一、填空题

1．润滑剂的种类很多，根据润滑剂的来源分为__________、__________、__________、__________等；根据润滑剂的状态分为__________、__________和__________。

2．润滑剂的主要性能包括__________、__________、__________、闪点、凝点和氧化稳定性。

3．润滑剂的黏度可定性地定义为流动__________，它是润滑油最重要的性能之一。

4．油性是指润滑油中极性分子与金属表面吸附形成一层边界________，以________摩擦和磨损的性能。

5．润滑的方式按操作方法分为__________润滑和__________润滑；按输入方法分为__________润滑和__________润滑；按压力分为__________润滑和__________润滑；按输入状态分为__________润滑和__________润滑等。

6．机床中需要润滑的机械装置主要包括__________、__________、__________、__________和__________传动机构等。

7．滑动轴承的润滑剂可根据轴颈__________和轴承的__________、__________和__________等进行选择，一般用__________和__________。

8．导轨因结构形式的不同，可分为__________、__________及滚动导轨。当导轨负荷较小、摩擦频率较小时，可采用__________润滑；当导轨负荷较大，且连续摩擦时，采用__________润滑方式。

9．由于变速箱有各种摩擦副存在，所以一般均采用__________润滑方式。

二、判断题

1．一般油性越差，油膜与金属表面的吸附能力就越强。（　　）

2．当油在标准仪器中加热所蒸发出的油气，一遇到火焰即能发出闪光时的最高温度，称为油的闪点。（　　）

3．凝点是指润滑油在规定的条件下，不能再自由流动时所达到的最低温度。（　　）

4．极压性能是润滑油中加入硫、氯、磷的有机极性化合物后，油中极性分子在金属表面生成抗磨、耐高压的化学反应边界膜的性能。（　　）

5．在温度变化大或高速场合下使用的滑动轴承适用于润滑脂润滑。（　　）

6．高速运转的滑动轴承宜选用低黏度的主轴油。（　　）

7．滚动轴承润滑脂一般在装配时加入，且润滑脂的填充量不宜过多。（　　）
8．精密机床导轨滑行速度很慢，因此，润滑使用一般的全损耗系统用油即可。（　　）
9．高温环境下工作的链传动机构，应选用黏度较大的机械润滑油。（　　）

三、选择题

1．黏度等级大的机械油适用于（　　）的机械。
A．低速重载　　B．高速轻载　　C．低速轻载
2．滚动轴承润滑脂的填充量一般约占轴承内部空间的（　　）为宜。
A．1/3～1/2　　B．1/4～1/3　　C．1/5～1/4
3．适用于大型轧钢和剪断机的润滑油是（　　）。
A．N68　　B．N15　　C．N32
4．重要或精密机床的滑动轴承一般应采用（　　）润滑方式。
A．手工　　B．浸油　　C．连续
5．高速轻载时，应选用（　　）黏度油。
A．高　　B．低　　C．中

四、简答题

1．润滑在机械设备中起什么作用？

2．简述滑动轴承润滑剂的选择方法。

课题二　机械装置的密封

一、填空题

1. 机械装置的密封是指采用适当措施以阻挡__________间接触处出现__________或__________的泄漏。

2. 在工作状态下，两零件间__________相对运动，其结合面之间的密封称静密封。静密封主要有__________密封、__________密封和__________密封三大类。

3. 动密封可以分为__________密封和__________密封两种基本类型。按密封件与其相对运动的零、部件是否接触，可以分为__________密封和__________密封；按密封件的接触位置又可分为__________密封和__________密封。

4. 接触式动密封，在机械设备中常用的形式包括__________密封、__________密封和__________密封。

5. 采用填料密封时，密封处的圆周速度不应超过__________m/s，工作温度不得超过__________℃；采用油封密封时，密封处的圆周速度不应超过__________m/s，工作温度不得超过__________℃。

二、判断题

1. 高压静密封常用材质较软、较宽的垫片密封，中低压静密封则用材质较硬、接触宽度很窄的金属垫片密封。（　　）

2. 靠密封面互相靠近或嵌入以减少或消除间隙，以达到密封目的的密封方式称为非接触密封。（　　）

3. 挡油环常用于减速器内的齿轮用油润滑、轴承用脂润滑时轴承的密封。（　　）

4. 动密封的密封装置一般设置在轴承上或轴承的支承部位。（　　）

5. 密封圈密封用于防止漏油时，密封唇应背对轴承。（　　）

三、选择题

1. 静密封中，（　　）用于形状复杂或材料不同的结合面。

A. 金属垫片密封　　B. 非金属垫片密封　　C. 密封胶密封

2. 非接触动密封中，（　　）用于多尘、潮湿和轴表面圆周速度小于 30 mm/s 的场合。

A. 间隙密封　　B. 挡油环密封　　C. 迷宫式密封

3. 非金属垫片密封，适用于常温、（　　）场合。

A. 高压　　B. 低压　　C. 中、低压

4. 毡圈密封装置，因摩擦和磨损较大，（　　）时不能应用。

A. 高速　　B. 中速　　C. 低速

5. 组合式密封适用于（　　）的密封部位，可提高密封效果。

A. 重要　　B. 精密　　C. 一般

四、简答题

1．密封在机械装置中起什么作用?

2．动密封有哪几种类型?常采用哪些方法?

课题三 机械设备的保养

一、填空题

1．做好设备的维护保养，是延长设备使用寿命，__________设备故障，使设备长期保持良好的__________和__________，充分发挥设备__________的重要基础。

2．一般工厂设备保养采用的是“三级保养”体系，即____________、____________、____________。

3．一级保养一般根据设备使用情况__________个月保养一次，以__________工为主、__________工为辅。

4．例行保养主要内容是：进行清洁、润滑、紧固易松动的零件，检查零、部件的完整。保养的项目和部位较__________，大多数在设备__________部，由__________工人承担。

二、简答题

1. 一级保养的主要内容是什么？

2. 二级保养的基本要求是什么？

3. 简述立式钻床传动系统的二级保养内容。